Springer-Lehrbuch

Serge Tabachnikov

Geometrie und Billard

Serge Tabachnikov
Pennsylvania State University
Pennsylvania, USA

Übersetzer
Micaela Krieger-Hauwede
Leipzig, Deutschland
micaela.krieger@online.de

ISSN 0937-7433
ISBN 978-3-642-31924-2 ISBN 978-3-642-31925-9 (eBook)
DOI 10.1007/978-3-642-31925-9

Die Deutsche Nationalbibliothek verzeichnet diese Publikation in der Deutschen Nationalbibliografie; detaillierte bibliografische Daten sind im Internet über http://dnb.d-nb.de abrufbar.

Mathematics Subject Classification (2010): 37-02, 51-02; 49-02, 70-02, 78-02

Die Originalausgabe dieses Buches veröffentlichte die American Mathematical Society auf Englisch unter dem Titel „Geometry and Billiards", © 2005 American Mathematical Society.
Die vorliegende Übersetzung wurde für den Springer-Verlag mit Genehmigung der American Mathematical Society vorgenommen.

Springer Spektrum

Zeichnungen an den Kaptitelanfängen von Abigail Hauwede

Gedruckt auf säurefreiem und chlorfrei gebleichtem Papier

Springer Spektrum ist eine Marke von Springer DE. Springer DE ist Teil der Fachverlagsgruppe Springer Science+Business Media
www.springer-spektrum.de

Vorwort

Mathematisches Billard beschreibt die Bewegung eines Massepunktes in einem Gebiet, an dessen Rand der Massepunkt elastisch reflektiert wird. Billard ist keine einzelne mathematische Disziplin; wie schon von Katok in [57] formuliert, ist Billard eher eine mathematische Spielwiese, auf der verschiedene Methoden getestet und verbessert werden. Als Thema ist Billard wirklich sehr populär: Im Januar 2005 ergab eine Suche nach „Billard“ in der Datenbank MathSciNet über 1400 Treffer. Die Zahl der physikalischen Arbeiten, die sich mit dem Thema Billard befassen, dürfte ähnlich hoch sein.

Üblicherweise wird Billard im Rahmen der Theorie Dynamischer Systeme untersucht. Dieses Buch unterstreicht die Verbindungen zu Geometrie und Physik. Billard wird hier im Zusammenhang mit geometrischer Optik behandelt. Insbesondere wartet dieses Buch mit rund 100 Abbildungen auf. Es gibt etliche Übersichtsartikel, die sich dem mathematischen Billard widmen. Die Spanne reicht von populärwissenschaftlichen Artikeln bis hin zu mathematisch anspruchsvollen: [41, 43, 46, 57, 62, 65, 106].

Geweckt wurde mein Interesse an Billard durch das Buch von Sinai [101], das ich als Studienanfänger las. Die erste russische Ausgabe dieses Buches aus dem Jahr 1973 enthielt acht Seiten über mathematisches Billard. Ich hoffe, dass auch das vorliegende Buch Studienanfänger und Graduierte für dieses wunderschöne und umfangreiche Thema begeistern wird; zumindest habe ich versucht, ein Buch zu schreiben, das ich als Studienanfänger gern gelesen hätte.

Dieses Buch eignet sich als Grundlage einer Vorlesung für fortgeschrittene Studienanfänger oder Graduierte. Realistisch betrachtet, enthält es mehr Stoff, als man in einem Semester behandeln kann. Damit behält ein Lehrer, der dieses Buch verwenden möchte, ausreichend Flexibilität. Entwickelt hat sich das Buch aus einem Sommer-Intensivkurs[1] REU[2], den ich an der Pennsylvania State University im

[1] Sechs Wochen, sechs Stunden pro Woche

[2] Research Experience for Undergraduates

Jahr 2004 gehalten habe. Ein Teil des Stoffes war auch Bestandteil eines MASS[3]-Seminars, das ich an der Pennsylvania State University 2000–2004 und im Rahmen des Kanada/USA Binational Mathematical Camp im Jahr 2001 gehalten habe. Im Herbstsemester 2005 werde ich diesen Stoff wieder in einem ASS-Seminar über Geometrie verwenden.

Ein paar Worte möchte ich über den pädagogischen Ansatz dieses Buches verlieren. Selbst der Leser ohne solides mathematisches Grundwissen aus Analysis, Differentialgeometrie, Topologie, usw. wird von diesem Buch profitieren (es erübrigt sich zu sagen, dass dieses Wissen hilfreich wäre). Auf Konzepte aus diesen Fachgebieten greifen wir bei Bedarf einfach zurück, und der Leser sollte sich weitgehend auf sein mathematisches Bauchgefühl verlassen.

Beispielsweise sollte ein Leser, dem der Begriff einer glatten Mannigfaltigkeit nicht geläufig ist, stattdessen an eine glatte Fläche im Raum denken. Wer nicht mit der allgemeinen Definition einer Differentialform vertraut ist, sollte stattdessen die Version aus dem Anfängerkurs in Analysis verwenden („ein Ausdruck der Form...“). Und der Leser, dem Fourierreihen noch nicht begegnet sind, sollte stattdessen an trigonometrische Polynome denken. Vor Augen habe ich das Lernmuster eines Anfängers, der ein höheres Forschungsseminar besucht: Man kommt schnell an die forderste Front der aktuellen Forschung und verschiebt eine systematischere und „lineare“ Beschäftigung mit den Grundlagen auf später.

Eine Besonderheit dieses Buches ist die beachtliche Anzahl von Exkursen; jeder Exkurs hat jeweils eine eigene Überschrift und endet mit dem Symbol ♣. Viele Exkurse beschäftigen sich mit Themen, die selbst einem Studenten in höheren Semestern wahrscheinlich noch nicht begegnet sind, mit denen aber, so glaube ich, ein gut ausgebildeter Mathematiker vertraut sein sollte. Einige dieser Themen sind Teil der Standardausbildung (wie Evoluten und Evolventen oder die Konfigurationssätze der projektiven Geometrie), andere sind in Lehrbüchern verstreut (etwa die Verteilung der ersten Ziffern in verschiedenen Folgen, die Theorie der Regenbögen oder der Vierscheitelsatz). Wieder andere gehören in Fortgeschrittenenseminare (wie die Morsetheorie, der Poincaré'sche Wiederkehrsatz oder die symplektische Reduktion). Oder sie passen einfach in gar keinen Standardkurs und „fallen durch das Raster“ (wie Hilberts viertes Problem).

In einigen Fällen gebe ich mehr als einen Beweis zu ein und demselben Resultat an; ich halte mich an die Maxime, dass es lehrreicher ist, verschiedene Beweise zu ein und demselben Resultat anzugeben, als aus demselben Beweis verschiedene Resultate abzuleiten. Viel Aufmerksamkeit widme ich den Beispielen: Der beste Weg zum Verständnis eines allgemeinen Konzepts ist, das erste nichttriviale Beispiel detailliert zu untersuchen.

[3] Mathematics Advanced Study Semesters

Den Kollegen und Studenten, mit denen ich über Billard diskutiert und von denen ich gelernt habe, bin ich sehr dankbar; es sind zu viele, um sie hier alle namentlich zu nennen. Es ist mir eine Freude bekanntzugeben, dass die National Science Foundation die Entstehung dieses Buches unterstützt hat.

Serge Tabachnikov

Inhaltsverzeichnis

Exkurse

Kapitel 1
Motivation: Mechanik und Optik

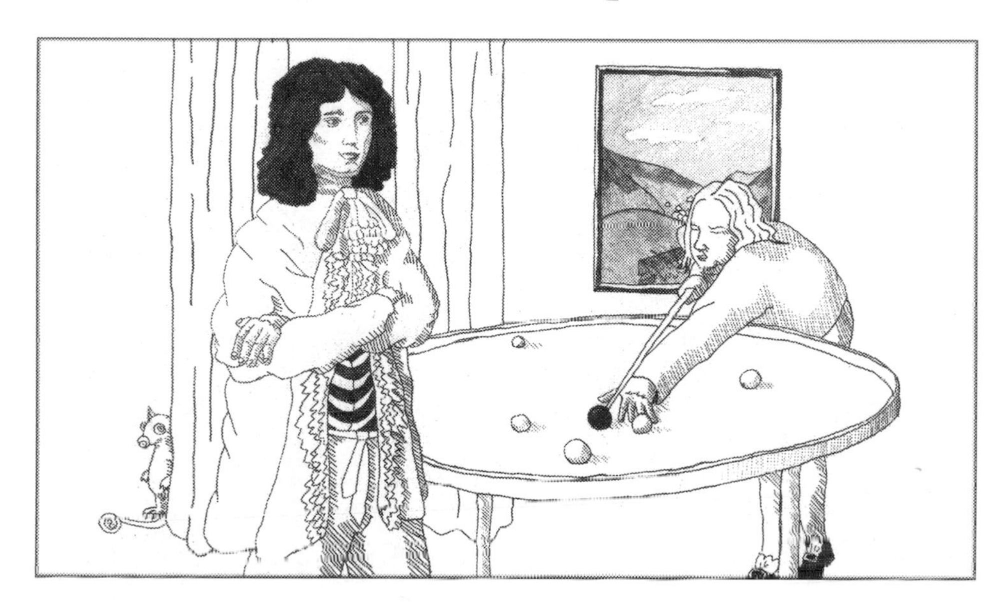

Für ein mathematisches Billard braucht man ein Gebiet G, beispielsweise in der Ebene (den Billardtisch), und einen Massepunkt (die Billardkugel), der sich in diesem Gebiet frei bewegt. Der Massepunkt bewegt sich so lange geradlinig mit konstanter Geschwindigkeit, bis er auf den Rand trifft. Die Reflexion am Rand ist elastisch und unterliegt einem bekannten Gesetz: *Der Einfallswinkel ist genauso groß wie der Reflexionswinkel.* Nach der Reflexion bewegt sich der Massepunkt mit der neuen Geschwindigkeit weiter frei fort, bis er erneut den Rand trifft; usw. (vgl. Abb. 1.1).

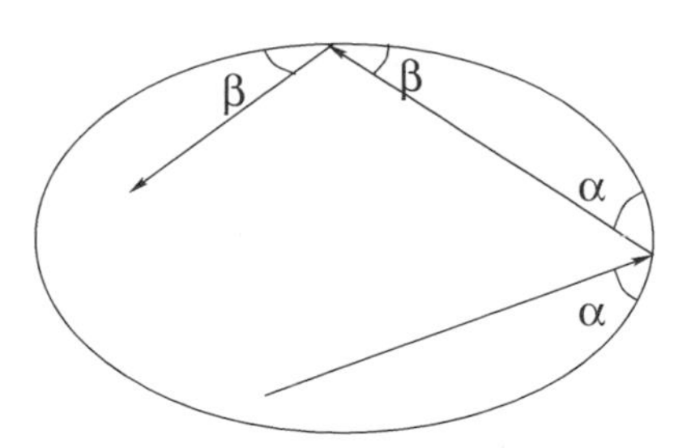

Abb. 1.1 Billardreflexion

Eine äquivalente Beschreibung der Billardreflexion lautet: Die Geschwindigkeit der auftreffenden Billardkugel wird am Auftreffpunkt in eine Normal- und eine Tangentialkomponente zerlegt. Bei der Reflexion ändert die Normalkomponente augenblicklich ihr Vorzeichen, während die Tangentialkomponente gleich bleibt.

Insbesondere ändert sich der Betrag der Geschwindigkeit nicht, und man kann annehmen, dass sich der Punkt ewig mit gleicher Geschwindigkeit weiterbewegt.

Diese Beschreibung gilt für Gebiete im mehrdimensionalen Raum, und noch allgemeiner für andere Geometrien, nicht nur die euklidischen. Wir gehen natürlich davon aus, dass der Punkt an einer glatten Stelle des Randes reflektiert wird. Trifft die Billardkugel aber eine Ecke des Billardtisches, so ist die Reflexion nicht definiert, und die Bewegung der Kugel endet genau dort.

Man kann sich in Bezug auf das Billardsystem viele Fragen stellen; viele werden wir in diesem Buch diskutieren. Sei G beispielsweise ein ebener Billardtisch mit einem glatten Rand. Wir interessieren uns für 2-periodische Hin- und Rück-Billardbahnen in G. Eine 2-periodische Billardbahn ist ein dem Gebiet G eingeschriebener Streckenzug, der an beiden Endpunkten senkrecht auf dem Rand steht. Die folgende Übung ist ziemlich schwer; Sie werden bis Kapitel 6 auf Seite 93 auf eine entsprechende Diskussion warten müssen.

Übung 1.1 **a)** Existiert ein Gebiet G, in dem es keine 2-periodischen Billardbahnen gibt?
b) Nehmen Sie an, dass G zudem konvex ist. Zeigen Sie, dass in G mindestens zwei verschiedene 2-periodische Billardbahnen existieren.
c) Sei G ein konvexes Gebiet mit glattem Rand im dreidimensionalen Raum. Bestimmen Sie, wie viele 2-periodische Billardbahnen es in G mindestens gibt.
d) Eine Kreisscheibe G in der Ebene enthält eine 1-parametrige Schar 2-periodischer Billardbahnen, die einmal komplett durch G laufen (diese Trajektorien sind die Durchmesser von G). Gibt es andere konvexe Billardtische mit dieser Eigenschaft?

In diesem Kapitel beschäftigen wir uns mit zwei Motivationen dafür, mathematische Billards zu untersuchen: Sie kommen aus der klassischen Mechanik elastischer Teilchen und aus der geometrischen Optik.

▶ **Beispiel 1.1** Betrachten wir das mechanische System aus zwei Massepunkten m_1 und m_2 auf der positiven Halbachse $x \geq 0$. Der Stoß zwischen den beiden Punkten ist elastisch; Energie und Impuls bleiben also erhalten. Die Reflexion am linken Endpunkt der Halbachse ist ebenfalls elastisch: Trifft ein Punkt die „Wand" $x = 0$, so ändert seine Geschwindigkeit das Vorzeichen.

Die Koordinaten der Punkte seien x_1 und x_2. Dann wird der Zustand des Systems durch einen Punkt (x_1, x_2) in der Ebene beschrieben, für dessen Koordinaten die Ungleichung $0 \leq x_1 \leq x_2$ gilt. Folglich ist der *Konfigurationsraum* des Systems ein ebener Keil mit dem Winkel $\pi/4$.

Die Geschwindigkeiten der Massepunkte seien v_1 und v_2. Solange die Massepunkte nicht zusammenstoßen, bewegt sich der Phasenpunkt (x_1, x_2) mit konstanter Geschwindigkeit (v_1, v_2). Betrachten wir nun den Zeitpunkt des Zusammenstoßes.

Die Geschwindigkeiten sind dann u_1 und u_2. Impuls- und Energieerhaltung lauten wie folgt:

$$m_1u_1 + m_2u_2 = m_1v_1 + m_2v_2, \quad \frac{m_1u_1^2}{2} + \frac{m_2u_2^2}{2} = \frac{m_1v_1^2}{2} + \frac{m_2v_2^2}{2}. \tag{1.1}$$

Wir führen nun die neuen Variablen $\bar{x}_i = \sqrt{m_i}x_i; i = 1,2$ ein. In diesen Variablen ist der Konfigurationsraum der Keil, dessen unterer Rand die Gerade $\bar{x}_1/\sqrt{m_1} = \bar{x}_2/\sqrt{m_2}$ ist; der Winkel dieses Keils ist $\arctan\sqrt{m_1/m_2}$ (vgl. Abb. 1.2).

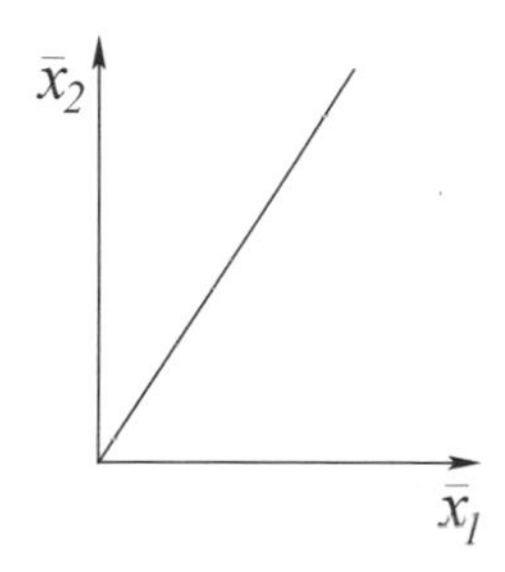

Abb. 1.2 Konfigurationsraum zweier Massepunkte auf der Halbachse

Im neuen Koordinatensystem skalieren die Geschwindigkeiten wie die Koordinaten: $\bar{v}_1 = \sqrt{m_1}v_1$, etc. Umschreiben der Gleichung (1.1) liefert:

$$\sqrt{m_1}\bar{u}_1 + \sqrt{m_2}\bar{u}_2 = \sqrt{m_1}\bar{v}_1 + \sqrt{m_2}\bar{v}_2, \quad \bar{u}_1^2 + \bar{u}_2^2 = \bar{v}_1^2 + v_2^2. \tag{1.2}$$

Die zweite dieser Gleichungen sagt uns, dass sich der Betrag des Geschwindigkeitsvektors $(\bar{v}_1, \bar{v}_2)$ beim Stoß nicht ändert. Die erste Gleichung aus (1.2) sagt uns, dass auch das Skalarprodukt des Geschwindigkeitsvektors mit dem Vektor $(\sqrt{m_1}, \sqrt{m_2})$ erhalten bleibt. Der letzte Vektor ist tangential zum Rand des Konfigurationsraumes: $\bar{x}_1/\sqrt{m_1} = \bar{x}_2/\sqrt{m_2}$. Folglich ändert sich die Tangentialkomponente des Geschwindigkeitsvektors nicht, und die Konfigurationstrajektorie wird an diesem Rand nach dem Billardgesetz reflektiert.

Genauso betrachten wir einen Stoß des linken Massepunktes mit der Wand $x = 0$; ein solcher Stoß entspricht der Billardreflexion an der vertikalen Randkomponente des Konfigurationsraumes. Daraus schlussfolgern wir, dass das System aus zwei elastisch reflektierten Massepunkten m_1 und m_2 auf der Halbachse isomorph zum Billard im Winkel $\sqrt{m_1/m_2}$ ist.

Als unmittelbare Konsequenz daraus können wir die Anzahl der Stöße in unserem System berechnen. Dazu betrachten wir das Billardsystem im Winkel α. Anstatt die Billardbahn an den Seiten des Keils zu reflektieren, spiegeln wir den Keil an der entsprechenden Seite und entfalten die Billardbahn zu einer Geraden (vgl. Abb. 1.3 auf der nächsten Seite). Diese, aus der geometrischen Optik inspirierte *Entfaltungs-*

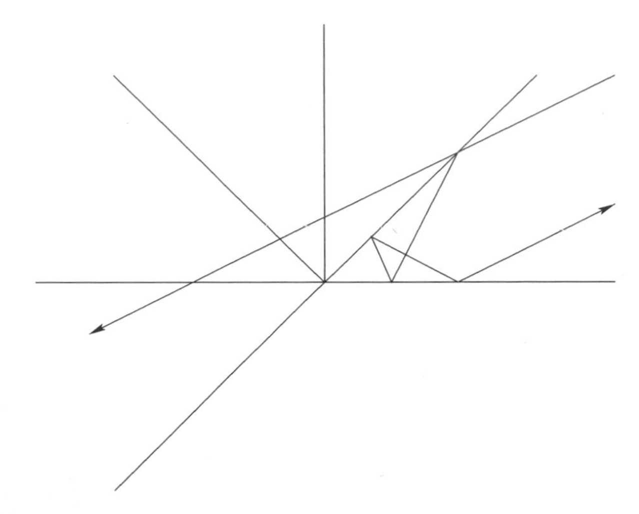

Abb. 1.3 Entfaltung einer Billardbahn in einem Keil

methode ist ein sehr nützlicher Trick, wenn es darum geht, Billard in Polygonen zu untersuchen.

Sehen wir uns die entfaltete Billardbahn in einem Keil an (vgl. Abb. 1.3), so stellen wir fest, dass die Anzahl der Reflexionen durch $\lceil \pi/\alpha \rceil$ von oben beschränkt ist ($\lceil x \rceil$ ist die Aufrundungsfunktion, sie ordnet x die kleinste ganze Zahl zu, die nicht kleiner als x ist). Für das System der beiden Massepunkte auf der Halbachse ist die obere Schranke für die Anzahl der Stöße

$$\left\lceil \frac{\pi}{\arctan \sqrt{m_1/m_2}} \right\rceil . \tag{1.3}$$

Übung 1.2 Übertragen Sie die obere Schranke für die Anzahl der Stöße auf den Fall eines Keils, der innen konvex ist (vgl. Abb. 1.4).

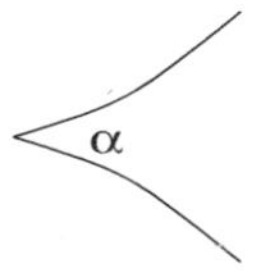

Abb. 1.4 Ebener Keil, der innen konvex ist

Übung 1.3 **a)** Interpretieren Sie das System aus zwei Massepunkten auf einer Strecke mit elastischen Stößen untereinander und an den Endpunkten der Strecke als ein Billard.

b) Zeigen Sie, dass das System aus drei Massepunkten m_1, m_2 und m_3 auf einer Geraden mit elastischen Stößen untereinander isomorph ist zum Billard in einem Keil im dreidimensionalen Raum. Beweisen Sie, dass für den Raumwinkel des Keils gilt:

$$\arctan\left(m_2\sqrt{\frac{m_1+m_2+m_3}{m_1 m_2 m_3}}\right). \tag{1.4}$$

c) Legen Sie das Bezugssystem in den Schwerpunkt, und reduzieren Sie das obige System auf das Billard im Innern eines ebenen Winkels (1.4).

d) Untersuchen Sie das System dreier Massepunkte mit elastischer Reflexion auf der Halbachse.

1.1 **Exkurs: Billard zur Berechnung von π.** Mithilfe von Gleichung (1.3) können wir die ersten Dezimalstellen der Zahl π berechnen. Im Folgenden geben wir dazu eine Kurzdarstellung des Artikels [39] von G. Galperin an.

Wir betrachten zwei Massepunkte auf der Halbachse und nehmen an, dass $m_2 = 100^k m_1$ ist. Der erste Massepunkt soll sich in Ruhe befinden, dem zweiten geben wir einen Impuls nach links. Sei $N(k)$ die Gesamtzahl der Stöße und Reflexionen im System, die nach der vorherigen Diskussion endlich ist. Wir behaupten, dass

$$N(k) = 314159265358979323846264338 3\ldots$$

ist, nämlich die Zahl aus den ersten $k+1$ Dezimalstellen von π. Wir wollen erläutern, warum diese Behauptung fast sicher gilt.

Unter der gewählten Anfangsbedingung (der erste Massepunkt befand sich in Ruhe) bewegt sich die Konfigurationstrajektorie in einer Richtung in den Keil, die parallel zur vertikalen Seite ist. In diesem Fall ist die Anzahl der Reflexionen durch eine Modifikation der Gleichung (1.3) gegeben, nämlich durch

$$N(k) = \left\lceil \frac{\pi}{\arctan(10^{-k})} \right\rceil - 1\,.$$

Diese Tatsache ergibt sich aus der bekannten Entfaltungsmethode.

Für den Moment wollen wir 10^{-k} mit x bezeichnen. Diese Zahl x ist sehr klein, und wir erwarten, dass $\arctan x$ sehr nah an x ist. Genauer heißt das

$$0 < \left(\frac{1}{\arctan x} - \frac{1}{x}\right) < x \quad \text{für} \quad x > 0\,. \tag{1.5}$$

Übung 1.4 Beweisen Sie (1.5) durch Taylor-Entwicklung von $\arctan x$.

Die ersten k Stellen der Zahl

$$\left\lceil \frac{\pi}{x} \right\rceil - 1 = \lceil 10^k \pi \rceil - 1 = \lfloor 10^k \pi \rfloor$$

stimmen mit den ersten $k+1$ Dezimalstellen von π überein. Die zweite Gleichung ergibt sich aus der Tatsache, dass $10^k\pi$ keine ganze Zahl ist; $\lfloor y \rfloor$ ist die Abrundungsfunktion, sie ordnet y die größte ganze Zahl zu, die nicht größer als y ist.

Wir sind fertig, wenn wir zeigen können, dass gilt:

$$\left\lceil \frac{\pi}{x} \right\rceil = \left\lceil \frac{\pi}{\arctan x} \right\rceil. \tag{1.6}$$

Nach (1.5) ist

$$\left\lceil \frac{\pi}{x} \right\rceil \leq \left\lceil \frac{\pi}{\arctan x} \right\rceil \leq \left\lceil \frac{\pi}{x} + \pi x \right\rceil. \tag{1.7}$$

Die Zahl $\pi x = 0{,}0\ldots031415\ldots$ hat nach dem Dezimalkomma $k-1$ Nullen. Deshalb kann sich die linke Seite von Gleichung (1.7) nur dann von ihrer rechten Seite unterscheiden, wenn es in der Dezimalentwicklung von π nach den ersten $k+1$ Stellen eine Kette von $k-1$ Neunen gibt. Wir wissen nicht, ob eine solche Kette jemals vorkommt, aber für große Werte von k ist das extrem unwahrscheinlich. Existiert eine solche Kette nicht, dann werden die beiden Ungleichungen in (1.7) zu Gleichungen, Gleichung (1.6) gilt, und daraus ergibt sich die Behauptung. ♣

Wir wollen uns nun Beispielen für mechanische Systeme zuwenden, die auf Billards führen. Beispiel 1.1 ist ziemlich alt, und ich weiß nicht, wo es erstmals betrachtet wurde. Obwohl ihm das nächste Beispiel ähnelt, ist dieses wiederum überraschend aktuell (vgl. [29, 45]).

► **Beispiel 1.2** Wir betrachten drei Massepunkte m_1, m_2 und m_3 mit elastischer Reflexion auf dem Kreis. Wir erwarten, dass auch dieses mechanische System zu einem Billard isomorph ist.

Seien x_1, x_2 und x_3 die Winkelkoordinaten dieser Punkte. Indem wir S^1 als $\mathbf{R}/2\pi\mathbf{Z}$ betrachten, heben wir die Koordinaten in den Raum der reellen Zahlen. Wir bezeichnen die gehobenen Koordinaten mit demselben Buchstaben, aber mit Überstrich. (Diese Hebung ist nicht eindeutig: Wir können jede Koordinate um ein Vielfaches von 2π ändern.) Wie in Beispiel 1.1 reskalieren wir die Koordinaten. Stöße zwischen Paaren von Massepunkten entsprechen drei Scharen paralleler Ebenen im dreidimensionalen Raum:

$$\frac{\bar{x}_1}{\sqrt{m_1}} = \frac{\bar{x}_2}{\sqrt{m_2}} + 2k\pi, \quad \frac{\bar{x}_2}{\sqrt{m_2}} = \frac{\bar{x}_3}{\sqrt{m_3}} + 2m\pi, \quad \frac{\bar{x}_3}{\sqrt{m_3}} = \frac{\bar{x}_1}{\sqrt{m_1}} + 2n\pi$$

mit $k, m, n \in \mathbf{Z}$.

Alle beteiligten Ebenen stehen senkrecht auf der Ebene

$$\sqrt{m_1}\bar{x}_1 + \sqrt{m_2}\bar{x}_2 + \sqrt{m_3}\bar{x}_3 = const., \tag{1.8}$$

und sie zerlegen diese Ebene in kongruente Dreiecke. Die Ebenen zerlegen wiederum den Raum in kongruente, unendliche Dreiecksprismen, und das System aus drei Massepunkten auf dem Kreis ist isomorph zum Billard in einem solchen Prisma. Die Raumwinkel der Prismen haben Sie bereits in Übung 1.3 b) berechnet.

Analog zu Übung 1.3 c) können wir einen Freiheitsgrad eliminieren. Und zwar hat der Schwerpunkt des Systems die Winkelgeschwindigkeit

$$\frac{m_1 v_1 + m_2 v_2 + m_3 v_3}{m_1 + m_2 + m_3}.$$

Wir können das Bezugssystem in diesen Schwerpunkt legen. In den neuen Koordinaten bedeutet das

$$\sqrt{m_1}\bar{v}_1 + \sqrt{m_2}\bar{v}_2 + \sqrt{m_3}\bar{v}_3 = 0,$$

und daher gilt Gleichung (1.8). Mit anderen Worten: Unser System reduziert sich auf das Billard im Innern eines spitzwinkligen Dreiecks mit den Winkeln

$$\arctan\left(m_i \sqrt{\frac{m_1 + m_2 + m_3}{m_1 m_2 m_3}} \right) \qquad i = 1, 2, 3.$$

Anmerkung 1 Beispiel 1.2 und Übung 1.3 liefern mechanische Systeme, die isomorph zum Billard im Innern eines rechtwinkligen oder eines spitzwinkligen Dreiecks sind. Interessant wäre es, ähnliche Interpretationen für ein stumpfwinkliges Dreieck zu finden.

Übung 1.5 Dieses Problem stammt von S. Wagon. Nehmen Sie an, dass 100 identische, elastisch zusammenstoßende Massepunkte beliebig auf einem 100 m langen Intervall verteilt sind und sich jeder Massepunkt mit einer bestimmten Geschwindigkeit, die nicht kleiner als 1 m/s ist, nach links oder rechts fortbewegt. Erreicht ein Massepunkt eines der beiden Enden des Intervalls, so fällt er herab und verschwindet. Wie lange muss man höchstens warten, bis alle Punkte verschwunden sind?

Massepunkte zu betrachten ist in Dimensionen größer als 1 sinnlos: Die Massepunkte werden mit Wahrscheinlichkeit 1 nie zusammenstoßen. Stattdessen betrachtet man das System harter Kugeln in einem Behälter; der Stoß der Kugeln untereinander und mit den Wänden ist dabei elastisch. Ein solches System ist in der statistischen Mechanik von großem Interesse: Es dient als Modell für ein ideales Gas.

Im nächsten Beispiel werden wir ein spezielles System dieser Art betrachten. Zunächst wollen wir aber den elastischen Stoß zwischen zwei Kugeln beschreiben. Dabei haben die beiden Kugeln die Massen m_1 und m_2 und die Geschwindigkeiten v_1 und v_2 (die Dimension des umgebenden Raumes spezifizieren wir nicht näher). Wir betrachten den Moment des Zusammenstoßes. Wir zerlegen die Geschwindigkeiten in eine Radial- und eine Tangentialkomponente:

$$v_i = v_i^r + v_i^t, \quad i = 1,2\,.$$

Die Richtung der Radialkomponente ist die Richtung der Achse zwischen den Mittelpunkten der Kugeln, und die Tangentialkomponente steht senkrecht darauf. Bei einem Stoß bleiben die Tangentialkomponenten gleich, und die Radialkomponenten ändern sich so, als wären die Kugeln zusammenstoßende Massepunkte auf einer Geraden, also wie in Gleichung (1.1).

Übung 1.6 Betrachten Sie einen nichtzentralen Stoß zwischen zwei elastischen Kugeln. Beweisen Sie: Befand sich eine Kugel anfangs in Ruhe, so bewegen sich die Kugeln nach dem Stoß in orthogonale Richtungen.

► **Beispiel 1.3** Betrachten wir das System aus zwei identischen elastischen Scheiben von Radius r auf dem „Einheitstorus" $\mathbf{R}^2/\mathbf{Z}^2$. Der Ort einer Scheibe wird durch die Lage ihres Mittelpunktes beschrieben, das ist ein Punkt auf dem Torus. Für zwei Kreisscheiben mit den Mittelpunkten x_1 und x_2 kann der Abstand zwischen x_1 und x_2 nicht kleiner als $2r$ sein. Die Menge dieser Punkte (x_1, x_2) ist der Konfigurationsraum unseres Systems. Jedes x_i kann in den $\mathbf{R}^2$ gehoben werden; eine solche Hebung ist bis auf die Addition eines ganzzahligen Vektors bestimmt. Die Geschwindigkeit v_i ist auf jeden Fall ein wohldefinierter Vektor im $\mathbf{R}^2$.

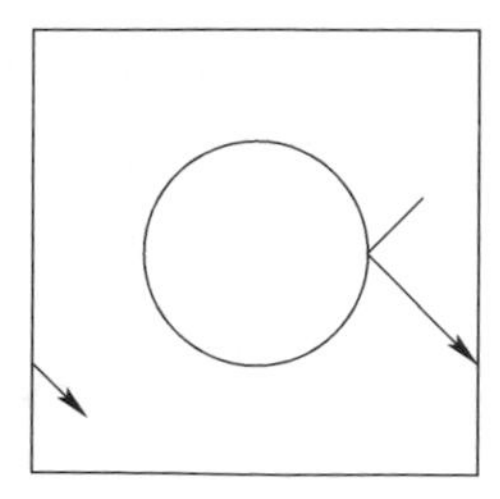

Abb. 1.5 Reduzierter Konfigurationsraum zweier Scheiben auf dem Torus

Wie in Beispiel 1.2 können wir die Anzahl der Freiheitsgrade reduzieren, indem wir den Schwerpunkt des Systems festhalten. Wir betrachten also die Differènz $x = x_2 - x_1$. Das ist ein Punkt auf dem Torus, der mindestens $2r$ von dem Punkt entfernt ist, der für den Ursprung des $\mathbf{R}^2$ steht (vgl. Abb. 1.5). Folglich ist der reduzierte Konfigurationsraum der Torus mit einem Loch in der Form einer Kreisscheibe mit dem Radius $2r$. Die Geschwindigkeit eines Konfigurationspunktes ist dann der Vektor $v_2 - v_1$.

Wenn die beiden Kreisscheiben zusammenstoßen, liegt der Konfigurationspunkt auf dem Rand des Lochs. Sei v die Geschwindigkeit des Punktes x vor dem Zusammenstoß und u seine Geschwindigkeit danach. Dann haben wir die Zerlegungen

$$v = v_2 - v_1 = (v_2^t - v_1^t) + (v_2^r - v_1^r), \quad u = u_2 - u_1 = (u_2^t - u_1^t) + (u_2^r - u_1^r).$$

Nach dem Reflexionsgesetz ändern sich die Tangentialkomponenten nicht: $u_1^t = v_1^t, u_2^t = v_2^t$. Um u_1^r und u_2^r zu bestimmen, verwenden wir (1.1) mit $m_1 = m_2$. Die Lösung dieses Systems ist: $u_1^r = v_2^r, u_2^r = v_1^r$. Folglich ist $u = (v_2^t - v_1^t) - (v_2^r - v_1^r)$. Bedenken Sie, dass der Vektor $v_2^t - v_1^t$ senkrecht auf x steht und folglich tangential zum Rand des Konfigurationsraumes ist, während der Vektor $v_2^r - v_1^r$ kolinear zu x ist und folglich senkrecht auf dem Rand steht. Deshalb ergibt sich der Vektor u aus v durch die Billardreflexion am Rand.

Daraus schließen wir, dass das (reduzierte) System aus zwei identischen elastischen Kreisscheiben auf dem Torus isomorph ist zum Billard auf einem Torus mit einem kreisscheibenförmigen Loch. Dieses Billardsystem ist unter dem Namen Sinai-Billard [99, 100] bekannt. Es war das erste Beispiel für ein Billardsystem mit chaotischem Verhalten; über solche Billardsysteme werden wir in Kapitel 8 sprechen.

Die Beispiele 1.1, 1.2 und 1.3 belegen ein allgemeines Prinzip: Ein konservatives mechanisches System mit elastischen Stößen ist zu einem gewissen Billard isomorph.

1.2 **Exkurs: Konfigurationsräume.** Konfigurationsräume einzuführen ist ein konzeptionell wichtiger und nichttrivialer Schritt bei der Untersuchung komplexer Systeme. Das folgende aufschlussreiche Beispiel ist in der russischen mathematischen Folklore weit verbreitet; es stammt von N. Konstatinov (vgl. [4]).

Betrachten wir das folgende Problem. Zwischen den Städten A und B gibt es zwei Straßen. Nehmen Sie an, dass zwei Autos, zwischen denen ein Seil der Länge $2r$ gespannt ist, von A nach B fahren können, ohne dass das Seil reißt. Beweisen Sie, dass zwei kreisförmige Waggons mit dem Radius r, die sich in entgegengesetzten Richtungen auf diesen Straßen bewegen, zwangsläufig zusammenstoßen.

Um das Problem zu lösen, parametrisieren wir jede Straße von A nach B durch die Einheitslänge. Dann ist der Konfigurationsraum der Punktepaare mit je einem Punkt auf jeder Straße das Einheitsquadrat. Die Bewegung der Autos von A nach B wird durch eine stetige Kurve beschrieben, die die Punkte $(0,0)$ und $(1,1)$ miteinander verbindet. Die Bewegung der Waggons wird durch eine Kurve beschrieben, die die Punkte $(0,1)$ und $(1,0)$ miteinander verbindet. Diese Kurven müssen sich schneiden, und ein Schnittpunkt steht für einen Zusammenstoß der Waggons (vgl. Abb. 1.6).

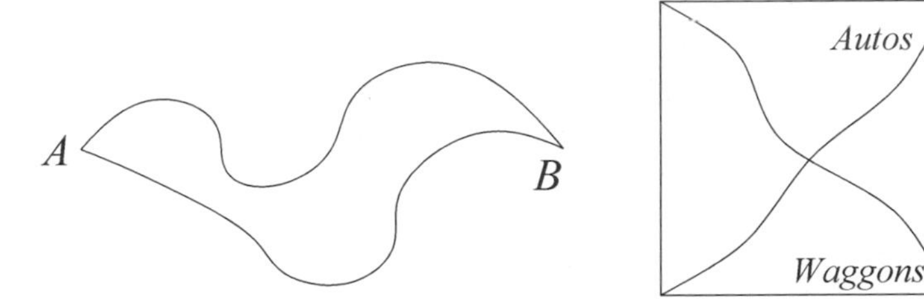

Abb. 1.6 Das Problem der zwei Straßen

Eine interessante Klasse von Konfigurationsräumen ergibt sich aus ebenen Stabanordnungen, das sind Systeme aus starren Stäben mit Gelenkverbindungen. Ein Pendel besteht beispielsweise aus einem Stab, der an einem Ende aufgehängt ist; sein Konfigurationsraum ist der Kreis S^1. Ein Doppelpendel besteht aus zwei gekoppelten Stäben, die an einem Ende aufgehängt sind; ihr Konfigurationsraum ist der Torus $T^2 = S^1 \times S^1$.

Übung 1.7 Betrachten Sie eine Stabanordnung aus vier Einheitssegmenten, die zwei feste Punkte im Abstand $d \leq 4$ miteinander verbinden (vgl. Abb. 1.7).

a) Bestimmen Sie die Dimension des Konfigurationsraumes der Stabanordnung.
b) Sei $d = 3{,}9$. Beweisen Sie, dass der Konfigurationsraum die Sphäre S^2 ist.
c) Sei $d = 1$. Beweisen Sie, dass der Konfigurationsraum die Sphäre mit vier Henkeln ist, also eine Fläche mit dem Geschlecht 4.

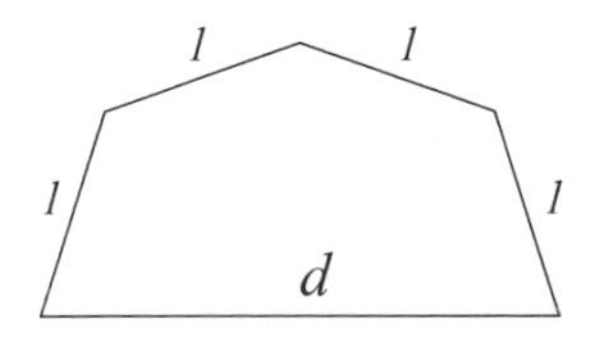

Abb. 1.7 Eine ebene Stabanordnung

Diese Übung hat Sie hoffentlich davon überzeugt, dass der Konfigurationsraum einer ebenen Stabanordnung, also eines sehr einfachen mechanischen Systems, eine komplizierte Topologie haben kann. Tatsächlich kann diese Topologie beliebig kompliziert sein (was diese Aussage im Einzelnen bedeutet, wollen wir hier nicht näher diskutieren; vgl. M. Kapovich und J. Millson [56]).

Zum Abschluss dieses Exkurses wollen wir ein sehr einfaches System erwähnen: eine Gerade im Raum, die im Ursprung aufgehängt ist. Der Konfigurationsraum ist $\mathbf{RP}^2$, das ist die reelle projektive Ebene (vgl. Exkurs 5.4 auf Seite 82 für eine Diskussion). Befindet sich die Gerade im $\mathbf{R}^n$, so ist der Konfigurationsraum der reelle projektive Raum $\mathbf{RP}^{n-1}$. Dieser Raum spielt in der Geometrie und in der Topologie eine sehr prominente Rolle. Für eine orientierte Gerade ist der entsprechende Konfigurationsraum selbstverständlich die Sphäre S^{n-1}. ♣

Nun wollen wir uns kurz mit einer weiteren Motivationsquelle für die Untersuchung von Billards befassen, und zwar mit der geometrischen Optik. Nach dem *Fermat'schen Prinzip* breitet sich Licht von einem Punkt A zu einem Punkt B auf dem Weg aus, für den es die kürzeste Zeit benötigt. In einem homogenen und isotropen Medium, d. h. in einer euklidischen Geometrie, „wählt" das Licht also die Gerade AB.

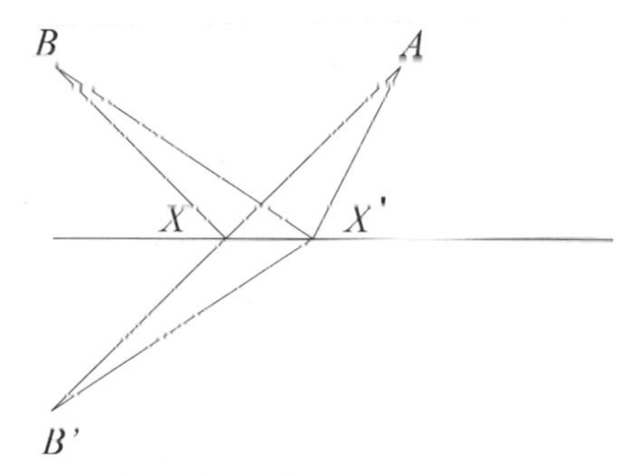

Abb. 1.8 Reflexion an einem flachen Spiegel

Wir betrachten jetzt eine einzelne Reflexion an einem Spiegel, den wir als Gerade l in der Ebene auffassen (vgl. Abb. 1.8). Nun suchen wir nach einer geknickten Linie AXB mit minimaler Länge und $X \in l$. Um die Lage des Punktes X zu bestimmen, spiegeln wir B an l und verbinden den Spiegelpunkt mit A. Offensichtlich ist für jede andere Lage des Punktes X die geknickte Linie $AX'B$ länger als AXB. Aus dieser Konstruktion ergibt sich, dass die Winkel zwischen dem einfallenden Strahl AX und l und dem ausgehenden Strahl XB und l gleich sind. Das Billardreflexionsgesetz ergibt sich also unmittelbar aus dem Fermat'schen Prinzip.

Übung 1.8 Seien A und B Punkte im Innern eines ebenen Keils. Konstruieren Sie einen Lichtstrahl von A nach B, der an jeder Seite des Keils reflektiert wird.

Der Spiegel sei nun eine beliebige glatte Kurve l (vgl. Abb. 1.9). Auch hier gilt das Variationsprinzip: Der Reflexionspunkt X minimiert die Länge der geknickten

Linie AXB. Wir wollen mithilfe der Analysis das Reflexionsgesetz herleiten. Sei dazu X ein Punkt in der Ebene. Wir definieren die Funktion $f(X) = |AX| + |BX|$. Der Gradient der Funktion $|AX|$ ist der Einheitsvektor in Richtung von A nach X, und mit $|BX|$ verhält es sich entsprechend. Wir interessieren uns für die kritischen Punkte von $f(X)$ unter der Bedingung $X \in l$. Nach dem Prinzip der Lagrange-Multiplikatoren ist X genau dann ein kritischer Punkt, wenn $\nabla f(X)$ orthogonal zu l ist. Die Summe der Einheitsvektoren von A nach X und von B nach X steht genau dann senkrecht auf l, wenn AX und BX gleiche Winkel mit l bilden. Wieder kommen wir auf das Billardreflexionsgesetz. Natürlich funktioniert dasselbe Argument, wenn der Spiegel eine glatte Hyperfläche in einem mehrdimensionalen Raum ist. Und es funktioniert auch in anderen Riemann'schen Geometrien, nicht nur in den euklidischen.

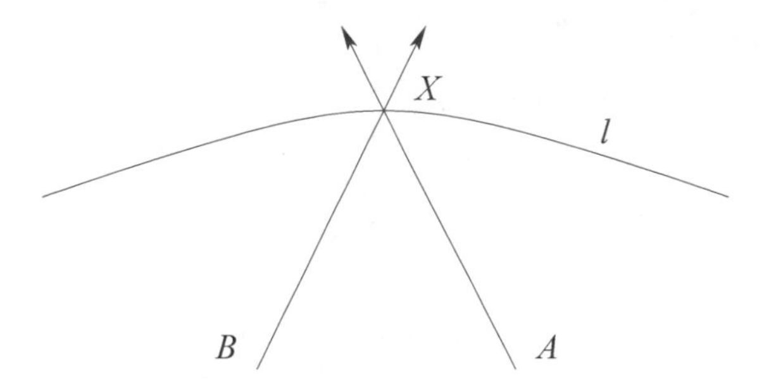

Abb. 1.9 Reflexion an einem gekrümmten Spiegel

Das obige Argument könnte man anhand eines anderen mechanischen Modells umformulieren. Dazu sei l ein Draht, X sei ein kleiner Ring, der ohne Reibung über den Draht rutschen kann, und AXB sei ein elastisches Band, das an A und B befestigt ist. Das elastische Band hat im Gleichgewichtszustand eine minimale Länge, und die Gleichgewichtsbedingung für den Ring X ist, dass die Summe der beiden gleichen Spannkräfte entlang der Segmente XA und XB orthogonal zu l ist. Daraus ergibt sich wieder die Bedingung gleicher Winkel.

1.3 Exkurs: Huygens'sches Prinzip, Finsler-Metrik und Finsler-Billard. In einem nicht-homogenen anisotropen Medium hängt die Lichtgeschwindigkeit vom Ort und von der Richtung ab. Dann sind die Lichttrajektorien nicht zwangsläufig Geraden. Ein bekanntes Beispiel ist ein Lichtstrahl, der von Licht in Wasser übergeht (vgl. Abb. 1.10 auf der nächsten Seite). Seien c_1 und c_0 die Lichtgeschwindigkeiten in Wasser und in der Luft. Dann gilt $c_1 < c_0$, und die Lichttrajektorie ist eine geknickte Linie, die das *Snellius'sche Brechungsgesetz* erfüllt:

$$\frac{\cos\alpha}{\cos\beta} = \frac{c_0}{c_1}.$$

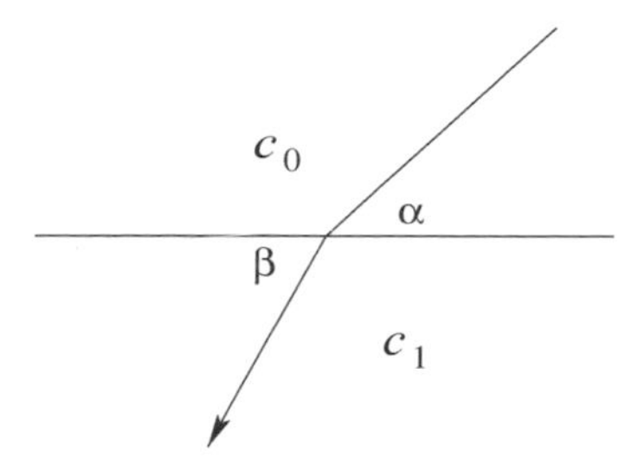

Abb. 1.10 Das Snellius'sche Brechungsgesetz

Übung 1.9 Leiten Sie das Snellius'sche Brechungsgesetz aus dem Fermat'schen Prinzip her.[1]

Um die optischen Eigenschaften des Mediums zu beschreiben, definieren wir die „Einheitssphäre" $S(X)$ in jedem Punkt X: Sie besteht aus den Einheitstangentialvektoren im Punkt X. Die Hyperfläche S heißt *Indikatrix*. Wir nehmen an, dass sie glatt, zentralsymmetrisch und streng konvex ist. Für den euklidischen Raum sind die Indikatrizen beispielsweise an allen Punkten identische Einheitssphären. Ein Feld von Indikatrizen bestimmt die sogenannte *Finsler-Metrik*: Der Abstand zwischen A und B ist die geringste Zeit, die Licht für den Weg von A nach B braucht. Ein Spezialfall der Finsler-Geometrie ist die Riemann'sche Geometrie. In letzterem Fall gibt es an jedem Punkt X eine (variable) euklidische Struktur im Tangentialraum, und die Indikatrix $S(X)$ ist die Einheitssphäre in dieser euklidischen Struktur.

Ein weiteres Beispiel ist die *Minkowski-Metrik*. Dies ist eine Finsler-Metrik in einem Vektorraum, deren Indikatrizen an verschiedenen Punkten durch Parallelverschiebungen auseinander hervorgehen. Die Lichtgeschwindigkeit hängt in einem Minkowski-Raum von der Richtung, nicht aber vom Ort ab; das entspricht einem homogenen, aber anisotropen Medium. Minkowskis Motivation, diese Geometrien zu untersuchen, ergab sich aus der Zahlentheorie.

Die Ausbreitung des Lichts folgt dem *Huygens'schen Prinzip*. Wir halten einen Punkt A fest und betrachten die Orte der Punkte F_t, die das Licht von dort aus in einer vorgegebenen Zeit erreichen kann. Die Hyperfläche F_t heißt Wellenfront, und sie besteht aus den Punkten mit dem Finsler-Abstand t von A. Nach dem Huygens'schen Prinzip lässt sich $F_{t+\varepsilon}$ folgendermaßen konstruieren: Wir betrachten jeden Punkt von F_t als Lichtquelle, und $F_{t+\varepsilon}$ ist die Einhüllende der ε-Fronten dieser Punkte. Sei $X \in F_t$, und sei u der Finsler-Einheitstangentialvektor an die Lichttrajektorie von A nach X. Nach einer infinitesimalen Version des Huygens'schen Prinzips ist der

[1] Es gab einen heißen Disput zwischen Fermat und Descartes darüber, ob die Lichtgeschwindigkeit mit der Dichte des Mediums zu- oder abnimmt. Descartes glaubte irrtümlich, dass sich Licht in Wasser schneller ausbreitet als in Luft.

Tangentialraum zur Front $T_X F_t$ parallel zum Tangentialraum zur Indikatrix $T_u S(X)$ im Punkt u (vgl. Abb. 1.11).

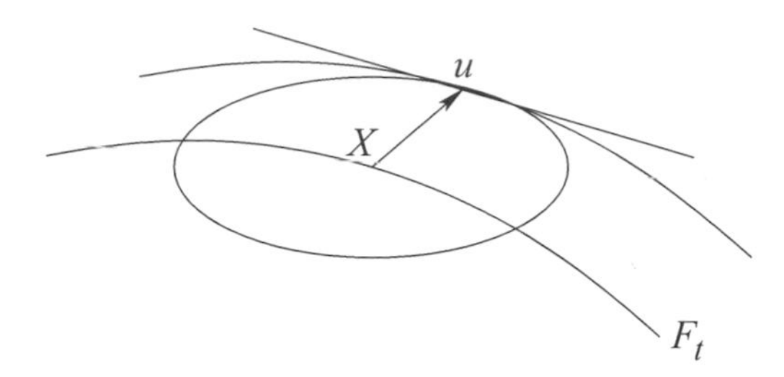

Abb. 1.11 Das Huygens'sche Prinzip

Wir sind nun in der Lage, das Billardreflexionsgesetz in der Finsler-Geometrie herzuleiten. Für den Moment wollen wir eine zweidimensionale Situation betrachten. Sei dazu l ein glatter gekrümmter Spiegel (oder der Rand eines Billardtisches), und AXB sei die Lichttrajektorie (die Lichtbahn) von A nach B. Wir üblich nehmen wir an, dass der Punkt X die Finsler-Länge der geknickten Linie AXB minimiert.

Satz 1.1 *Seien u und v Finsler-Einheitsvektoren, die tangential zu den einfallenden und ausgehenden Strahlen sind. Dann schneiden sich die Tangenten an die Indikatrix $S(X)$ in den Punkten u und v in einem Punkt auf der Tangente an l im Punkt X (vgl. Abb. 1.12 mit dem Tangentialraum im Punkt X).*

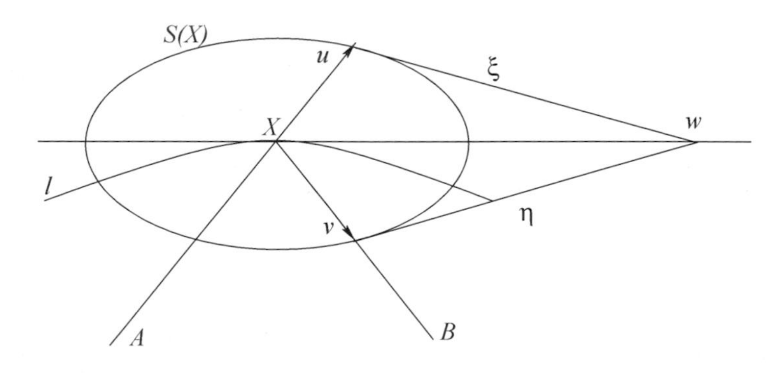

Abb. 1.12 Finsler-Billardreflexion

Beweis. Entsprechend modifiziert wenden wir wieder das Argument aus dem euklidischen Fall an. Wir betrachten die Funktionen $f(X) = |AX|$ und $g(X) = |BX|$ mit dem Abstand im Finsler-Bild. Seien ξ und η Tangentialvektoren an die Indikatrix $S(X)$ in den Punkten u und v. Für die Richtungsableitung gilt $D_u(f) = 1$, denn u ist tangential zur Lichttrajektorie von A nach X. Andererseits ist ξ nach dem Huygens'schen Prinzip tangential zur Front des Punktes A, die durch den Punkt X verläuft.

Diese Front ist eine Niveaulinie der Funktion f; folglich ist $D_\xi(f) = 0$. Genauso ist $D_\eta(g) = 0$ und $D_v(g) = -1$.

Sei w der Schnittpunkt der Tangenten an $S(X)$ in den Punkten u und v. Dann gilt $w = u + a\xi = v + b\eta$ mit beliebigen reellen Zahlen a und b. Daraus folgt, dass $D_w(f) = 1$, $D_w(g) = -1$ und $D_w(f+g) = 0$ ist. Sei w eine Tangente an den Spiegel l. Dann ist X ein kritischer Punkt der Funktion $f + g$, also die Finsler-Länge der geknickten Linie AXB. Damit ist das Finsler-Reflexionsgesetz bewiesen. □

Ist die Indikatrix ein Kreis, so erhalten wir natürlich das bekannte Gesetz der gleichen Winkel. Für weiterführende Informationen über die Ausbreitung des Lichts und die Finsler-Geometrie, insbesondere das Finsler-Billard, sei auf [2, 3, 8, 49] verwiesen. ♣

1.4 Exkurs: Brachistochrone. Eines der berühmtesten Probleme der Mathematik befasst sich mit der Bahn eines Massepunktes, der sich unter dem Einfluss der Schwerkraft in kürzester Zeit von einem Punkt zum anderen bewegt. Diese Bahnkurve heißt *Brachistochrone* (von griechisch „kürzeste Zeit“). Das Problem wurde von Johann Bernoulli am Ende des 17. Jahrhunderts aufgestellt und von ihm, seinem Bruder Jacob, Leibnitz, L'Hospital und Newton gelöst. In diesem Exkurs beschreiben wir die Lösung von Johann Bernoulli, der sich dem Problem vom geometrischen Standpunkt aus näherte (vgl. [44] für einen historischen Überblick).

Seien A und B die Start- und Endpunkte der gesuchten Kurve, und sei x die horizontale und y die vertikale Achse. Es ist sinnvoll, die y-Achse nach unten zu richten und anzunehmen, dass die y-Koordinate von A null ist. Dann reduziert sich die potentielle Energie des Massepunktes der Masse m nämlich auf mgy mit der Gravitationskonstante g. Sei $v(y)$ die Geschwindigkeit des Massepunktes. Seine kinetische Energie ist $mv(y)^2/2$. Aus der Energieerhaltung ergibt sich

$$v(y) = \sqrt{2gy}. \tag{1.9}$$

Die Geschwindigkeit des Massepunktes hängt also nur von seiner y-Koordinate ab.

Betrachten wir das durch Gleichung (1.9) beschriebene Medium. Nach dem Fermat'schen Prinzip ist die gesuchte Kurve die Lichttrajektorie von A nach B. Wir können das kontinuierliche Medium durch ein diskretes nähern, das aus dünnen horizontalen Streifen besteht, in denen die Lichtgeschwindigkeit konstant ist. Dabei sind $v_1, v_2, \dots$ die Lichtgeschwindigkeiten im ersten, zweiten, usw. Streifen. Die Winkel, die die Lichttrajektorie (ein Polygonzug) mit den horizontalen Rändern zwischen aufeinanderfolgenden Streifen bildet, seien $\alpha_1, \alpha_2, \dots$. Nach dem Snellius'schen Brechungsgesetz gilt $\cos\alpha_i = \cos\alpha_{i+1}$ (vgl. Abb. 1.10 auf Seite 13). Also gilt für alle i

$$\frac{\cos\alpha_i}{v_i} = const. \tag{1.10}$$

Nun kommen wir auf den kontinuierlichen Fall zurück. Unter Berücksichtigung von (1.9) ergibt sich aus (1.10) im kontinuierlichen Grenzfall:

$$\frac{\cos \alpha(y)}{\sqrt{y}} = const. \tag{1.11}$$

Berücksichtigen wir, dass $\tan \alpha = dy/dx$ ist, ergibt sich aus Gleichung (1.11) eine Differentialgleichung für die Brachistochrone $y' = \sqrt{(C-y)/y}$; diese Gleichung kann man lösen, und Johann Bernoulli kannte die Antwort: Die Lösung der Gleichung ist die Zykloide. Das ist die Trajektorie eines Punktes auf einem Kreis, der ohne zu gleiten entlang einer Horizontalen rollt (vgl. Abb. 1.13).[2]

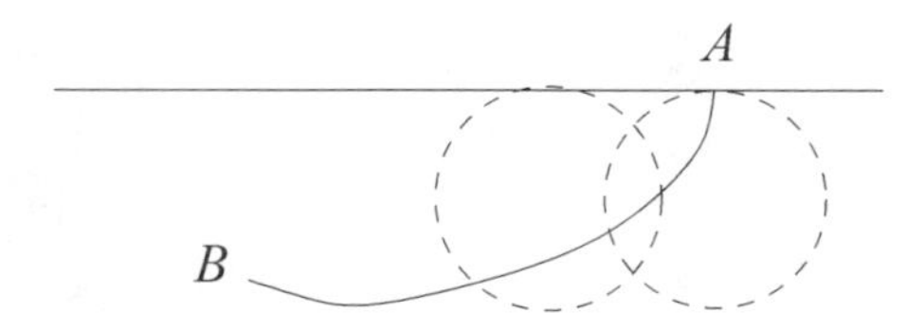

Abb. 1.13 Brachistochrone

Tatsächlich liefert das Argument zum Beweis von Gleichung (1.11) wesentlich mehr. Wir brauchen nicht anzunehmen, dass die Lichtgeschwindigkeit nur von y abhängt. Wir können allgemeiner annehmen, dass die Lichtgeschwindigkeit im Punkt (x,y) durch eine Funktion $v(x,y)$ gegeben ist (also hängt sie nicht von der Richtung ab, und das Medium ist anisotrop). Betrachten wir nun die Niveaulinien der Funktion v, und sei γ eine Lichttrajektorie in diesem Medium. Außerdem sei t die Lichtgeschwindigkeit entlang γ, betrachtet als eine Funktion auf dieser Kurve. Den Winkel zwischen γ und der entsprechenden Niveaulinie $v(x,y) = t$ bezeichnen wir mit $\alpha(t)$. Dann lautet eine Verallgemeinerung von Gleichung (1.11) folgendermaßen.

Satz 1.2 *Entlang einer Trajektorie γ gilt:*

$$\frac{\cos \alpha(t)}{t} = const.$$

Übung 1.10 **a)** Die Lichtgeschwindigkeit sei durch die Funktion $v(x,y) = y$ gegeben. Beweisen Sie, dass die Lichttrajektorien Kreisbögen sind, deren Mittelpunkte auf der Geraden $y = 0$ liegen.
b) Die Lichtgeschwindigkeit in einem Medium sei durch die Funktion $v(x,y) = 1/\sqrt{c-y}$ gegeben. Beweisen Sie, dass die Lichttrajektorien Parabelbögen sind.

[2] Zufällig löst die Zykloide auch ein anderes Problem, nämlich das Problem, eine Kurve AB zu bestimmen, sodass ein Massepunkt, der entlang der Kurve gleitet, am Endpunkt B zu derselben Zeit ankommt, unabhängig davon, an welcher Stelle der Kurve er gestartet ist.

c) Die Lichtgeschwindigkeit in einem Medium sei $v(x,y) = \sqrt{1-x^2-y^2}$. Beweisen Sie, dass die Lichttrajektorien Kreisbögen sind, die senkrecht auf dem Einheitskreis um den Ursprung stehen. ♣

Zum Abschluss dieses Kapitels wollen wir etliche Variationen von Billardanordnungen erwähnen. Man kann beispielsweise Billard in Potentialfeldern betrachten. Besonders in der physikalischen Literatur populär ist eine weitere Modifikation, nämlich das Billard in einem Magnetfeld (vgl. [16, 114]). Die Stärke des Magnetfeldes, das senkrecht auf der Ebene steht, ist dort durch eine Funktion B über der Ebene gegeben. Auf eine Ladung im Punkt x wirkt die *Lorentz-Kraft*, die proportional zum Magnetfeld $B(x)$ und zur Geschwindigkeit $v(x)$ des Punktes ist; die Lorentz-Kraft wirkt in eine Richtung, die senkrecht auf der Bewegungsrichtung steht. Die freie Bahn einer solchen Punktladung ist eine Kurve, deren Krümmung in jedem Punkt durch die Funktion B bestimmt ist. Für ein konstantes Magnetfeld sind die Trajektorien Kreise mit dem *Larmor-Radius* v/B.[3] Trifft die Punktladung auf den Rand des Billardtisches, so wird sie elastisch reflektiert. Das Magnetfeld berührt also das Reflexionsgesetz nicht. Ein besonderes Merkmal magnetischer Billards ist ihre Irreversibilität unter Zeitumkehr: Kehrt man die Richtung der Geschwindigkeit um, durchläuft die Punktladung ihre bisherige Trajektorie nicht in umgekehrter Richtung (es sei denn, das Magnetfeld ist null).

Anmerkung 2 Die beiden Themen, mit denen wir uns in diesem Kapitel befasst haben, nämlich klassische Mechanik und geometrische Optik, sind eng miteinander verknüpft. Bei mechanischen Systemen sind die Trajektorien im Konfigurationsraum Extrema aus einem Variationsprinzip, ähnlich wie bei den Trajektorien des Lichts. Tatsächlich lässt sich die Mechanik als eine Art geometrische Optik beschreiben; genau das war Hamiltons Herangehensweise an die Mechanik (vgl. V. Arnold [3] für Details). Ein wirklich gutes Beispiel für die Analogie zwischen geometrischer Optik und klassischer Mechanik ist die Brachistochrone.

[3] Genauso kann man Billard unter der Einwirkung der Corioliskraft betrachten, die mit der Erdrotation zusammenhängt.

Kapitel 2
Billard im Kreis und im Quadrat

Obwohl ein Einheitskreis eine sehr einfache Figur ist, gibt es ein paar interessante Dinge, die man über das Billard darin sagen kann. Der Kreis ist radialsymmetrisch; und eine Billardbahn ist durch den Winkel α, mit dem sie auf den Rand des Kreises trifft, vollständig bestimmt. Dieser Winkel bleibt bei jeder Reflexion gleich. Jeder nachfolgende Auftreffpunkt ergibt sich aus dem vorherigen durch eine Kreisdrehung um den Winkel $\theta = 2\alpha$.

Für $\theta = 2\pi p/q$ ist jede Billardbahn q-periodisch und führt p Wendungen um den Kreis aus; man sagt, dass die *Umlaufzahl* einer solchen Bahn p/q ist. Wenn θ kein rationales Vielfaches von π ist, dann ist jede Bahn unendlich. Das erste Resultat über π-irrationale Drehungen des Kreises stammt von Jacobi. Dabei bezeichnen wir die Kreisdrehung um einen Winkel θ mit T_θ.

Satz 2.1 *Für einen π-irrationalen Winkel θ ist die T_θ-Bahn jedes Punktes dicht. Mit anderen Worten: Jedes Intervall auf dem Kreis enthält Punkte dieser Bahn.*

Beweis. Sei x der Anfangspunkt. Von x ausgehend durchlaufen wir den Kreis in Schritten der Länge θ. Nach einer gewissen Anzahl von Schritten, beispielsweise n, laufen wir an x vorbei. Bedenken Sie, dass wir nicht genau zu x zurückkehren, denn sonst wäre $\theta = 2\pi/n$. Sei $y = x + n\theta \mod 2\pi$ der Punkt unmittelbar vor x und $z = y + \theta \mod 2\pi$ der nachfolgende Punkt.

Einer der Abschnitte yz oder xz hat höchstens die Länge $\theta/2$. Für den Moment nehmen wir an, es sei der Abschnitt yx, und seine Länge sei θ_1. Bedenken Sie, dass

θ_1 wieder π-irrational ist. Wir betrachten die n-te Iteration T_θ^n. Diese Abbildung ist die Drehung des Kreises im Uhrzeigersinn (im mathematisch negativen Sinn) um einen Winkel $\theta_1 \leq \theta/2$. Wir können diese Drehung T_θ als neue Kreisdrehung auffassen und das vorherige Argument darauf anwenden.

Auf diese Weise erhalten wir eine Folge von Drehungen um π-irrationale Winkel $\theta_k \to 0$; jede dieser Drchungen ist eine Iteration von T_θ. Zu einem gegebenen Intervall I auf dem Kreis kann man k so groß wählen, dass $\theta_k < |I|$ ist. Dann kann die T_{θ_k}-Bahn von x das Intervall I nicht umgehen, und wir sind fertig. □

Übung 2.1 Die Abschnitte, die mit dem Einheitskreis den Winkel α bilden, sind tangential zu den konzentrischen Kreisen mit dem Radius $\cos\alpha$. Beweisen Sie, dass die aufeinanderfolgenden Abschnitte der Billardbahn für ein π-irrationales α den Ring zwischen den beiden Kreisen dicht füllen.

Nun wollen wir die Folge $x_n = x + n\theta \mod 2\pi$ mit π-irrationalem θ weiter untersuchen. Für $\theta = 2\pi p/q$ besteht diese Folge aus q Elementen, die sehr regelmäßig über den Kreis verteilt sind. Sollte man für ein π-irrationales θ eine ähnlich gleichmäßige Verteilung erwarten?

Passenderweise spricht man in diesem Zusammenhang von einer *Gleichverteilung* (oder *Rechteckverteilung*). Zu einem gegebenen Kreisbogen I sei $k(n)$ die Anzahl der Terme in der Folge $x_0, \ldots, x_{n-1}$, die in I liegen. Man bezeichnet die Folge als auf dem Kreis $\mathbf{R}/2\pi\mathbf{Z}$ *gleichverteilt*, wenn für jedes I gilt:

$$\lim_{n\to\infty} \frac{k(n)}{n} = \frac{|I|}{2\pi}. \tag{2.1}$$

Der nächste Satz stammt von Kronecker und Weyl. Daraus ergibt sich Satz 2.1.

Satz 2.2 *Für ein π-irrationales θ ist die Folge $x_n = x + n\theta \mod 2\pi$ auf dem Kreis gleichverteilt.*

Beweis. (Skizze) Wir werden eine allgemeinere Aussage nachprüfen: Für eine integrierbare Funktion $f(x)$ auf dem Kreis haben wir

$$\lim_{n\to\infty} \frac{1}{n}\sum_{j=0}^{n-1} f(x_j) = \frac{1}{2\pi}\int_0^{2\pi} f(x)dx; \tag{2.2}$$

das Zeitmittel ist also gleich dem Scharmittel. Um die Gleichverteilung herzuleiten, setzen wir für f die charakteristische Funktion des Kreisbogens I, die innen 1 und außen 0 ist. Dann wird aus Gleichung (2.1) die Gleichung (2.2).

Die Funktion $f(x)$ können wir durch trigonometrische Polynome nähern, nämlich als Linearkombination von $\cos kx$ und $\sin kx$ mit $k = 0, 1, \ldots, N$. Wir prüfen (2.2) für reine Schwingungen, oder noch besser für $f(x) = \exp(ikx)$ (das ist eine komplexwertige Funktion, deren Real- und Imaginärteil reine Schwingungen sind). Für $k = 0$, also $f = 1$, sind beide Seiten von (2.2) gleich 1. Für $k \geq 1$ wird die linke Seite von (2.2) zu einer geometrischen Folge:

$$\frac{1}{n} = \sum_{j=0}^{n-1} e^{ikj\theta} = \frac{1}{n} \frac{e^{ikn\theta} - 1}{e^{ik\theta} - 1} \to 0 \quad \text{für } n \to \infty .$$

Andererseits ist $\int_0^{2\pi} \exp(ikx)dx = 0$, und Gleichung (2.2) gilt. □

Die Sätze 2.1 und 2.2 haben mehrdimensionale Versionen. Wir betrachten den Torus $T^n = \mathbf{R}^n/\mathbf{Z}^n$. Sei $a = (a_1, \ldots, a_n)$ ein Vektor und

$$T_a : (x_1, \ldots, x_n) \mapsto (x_1 + a_1, \ldots, x_n + a_n)$$

die entsprechende Torusdrehung. Die Zahlen $a_1, \ldots, a_n$ nennt man unabhängig über den ganzen Zahlen, wenn aus der Gleichung

$$k_0 + k_1 a_1 + \cdots + k_n a_n = 0, \quad k_i \in \mathbf{Z}$$

$k_0 = k_1 = \cdots = k_n = 0$ folgt. Nach der mehrdimensionalen Version über Torusdrehungen gilt: Sind die Zahlen $a_1, \ldots, a_n$ über den ganzen Zahlen unabhängig, so ist jeder T_a-Orbit dicht und über den Torus gleichverteilt.

2.1 **Exkurs: Verteilung der ersten Ziffern und das Benford'sche Gesetz.** Betrachten wir die Folge

$$1, 2, 4, 8, 16, 32, 64, 128, 256, 512, 1024, \ldots,$$

die aus den Zweierpotenzen besteht. Kann es sein, dass eine Potenz von 2 mit 2005 beginnt? Ist es wahrscheinlich, dass ein Glied dieser Folge mit 3 oder mit 4 beginnt? Solche Fragen beantworten die Sätze 2.1 und 2.2.

Sehen wir uns die zweite Frage an: 2^n hat als erste Ziffer k, wenn für eine nichtnegative ganze Zahl q gilt: $k10^q \leq 2^n < (k+1)10^q$. Bilden wir davon den Logarithmus zur Basis 10:

$$\log k + q \leq n \log 2 < \log(k+1) + q . \tag{2.3}$$

Da uns q nicht interessiert, betrachten wir die Nachkommateile der vorkommenden Zahlen. Sei dabei $\{x\}$ der Nachkommateil der reellen Zahl x. Die Ungleichungen in (2.3) bedeuten, dass $\{n \log 2\}$ zum Intervall

$$I = [\log k, \log(k+1)] \subset S^1 = \mathbf{R}/\mathbf{Z}$$

gehört. Bedenken Sie, dass $\log 2$ eine irrationale Zahl ist (warum?). Daher liegt die Situation aus Satz 2.2 vor, woraus sich das folgende Resultat ergibt.

Korollar 2.1 *Die Wahrscheinlichkeit* $p(x)$*, dass eine Potenz von 2 mit der Ziffer k beginnt, ist* $\log(k+1) - \log k$.

Die Werte dieser Wahrscheinlichkeiten sind ungefähr:

k	1	2	3	4	5	6	7	8	9
$p(k)$	0,301	0,176	0,125	0,097	0,079	0,067	0,058	0,051	0,046

Wir stellen fest, dass $p(k)$ mit k monoton fällt; insbesondere ist 1 als erste Ziffer rund 6-mal wahrscheinlicher als 9.

Übung 2.2 **a)** Wie ist die Verteilung der ersten Ziffern in der Folge $2^n C$ mit einer Konstanten C?
b) Bestimmen Sie die Wahrscheinlichkeit dafür, dass die ersten m Ziffern einer Potenz von 2 eine gegebene Kombination von $k_1 k_2 \ldots k_m$ sind.
c) Bestimmen Sie die Wahrscheinlichkeit, dass die zweite Ziffer einer Potenz von 2 gleich k ist.
d) Beantworten Sie ähnliche Fragen in Bezug auf Potenzen anderer Zahlen.

Wächst eine Folge exponentiell, so ist die Verteilung ihrer ersten Ziffern ähnlich. Ein typisches Beispiel dafür sind die Fibonacci-Zahlen

$$1,1,2,3,5,8,13,21,34,55,\ldots; \quad f_{n+2} = f_{n+1} + f_n\,.$$

Für sie gibt es eine geschlossene Formel:

$$f_n = \frac{1}{\sqrt{5}}\left(\left(\frac{1+\sqrt{5}}{2}\right)^n - \left(\frac{1-\sqrt{5}}{2}\right)^n\right). \tag{2.4}$$

Der zweite Term geht exponentiell schnell gegen null, und die Verteilung der ersten Ziffern von f_n ist wie die der Folge φ^n mit $\varphi = (1+\sqrt{5}/2)$.

Übung 2.3 Beweisen Sie (2.4).

Überraschenderweise ist die Verteilung der ersten Ziffern für viele Folgen aus „dem echten Leben“ ähnlich! Erstmals wies darauf im Jahr 1881 der amerikanische Astronom S. Newcomb in einem zweiseitigen Artikel hin [78]. Dieser Artikel beginnt mit den Worten: „Dass die zehn Ziffern nicht mit gleicher Häufigkeit vorkommen, muss jedem auffallen, der oft auf Logarithmentabellen zurückgreift und dabei feststellt, wie viel schneller die ersten Seiten gegenüber den letzten verschleißen. Die erste signifikante Ziffer ist häufiger als jede andere Zahl 1, und die Ziffern werden bis zur 9 immer seltener.“

Diese sonderbare Verteilung der ersten Ziffern in „echten" Folgen ist als Benford'sches Gesetz bekannt. F. Benford, ein Physiker bei General Electric, veröffentlichte 57 Jahre nach Newcomb einen langen Artikel [11] mit dem Titel „The law of anomalous numbers".[1] Benford lieferte reichlich viele Beispiele experimenteller Daten, die dieses Muster bestätigen. Die Daten reichen von Flusslängen bis zu den Einwohnerzahlen von Städten und von Straßenadressen in der aktuellen Ausgabe des „American Men of Science" bis hin zu Atomgewichten. Vielleicht wollen Sie selbst Daten sammeln. Meine Vorschläge wären die Flächen und Einwohnerzahlen der Länder auf der Welt (und das in beliebigen Einheiten, denn nach Übung 2.2 a) ändert sich das Ergebnis durch Reskalierung nicht).

Es gibt eine beträchtliche Anzahl von Veröffentlichungen zum Benford'schen Gesetz. Und viele haben versucht, eine Erklärung dafür zu finden (vgl. R. Raimi [85] für eine Übersicht). Eine der überzeugendsten, nämlich die von T. Hill [52], leitet das Benford'sche Gesetz als einzige skaleninvariante Häufigkeitsverteilung her, die bestimmte natürliche Axiome erfüllt. Auch heute noch zieht das Thema die Aufmerksamkeit der Mathematiker, Statistiker, Physiker und Ingenieure auf sich. Es gab den Vorschlag, dass die IRS[2] anhand des Benford'schen Gesetzes prüft, ob die in einer Steuererklärung angegebenen Zahlen wirklich zufällig (also echt) sind oder frisiert wurden. ♣

Übung 2.4 **a)** Sei α eine irrationale Zahl. Betrachten Sie die Zahlen

$$0, \{\alpha\}, \{2\alpha\}, \ldots, \{n\alpha\}, 1 .$$

Zeigen Sie, dass die $n+1$ Intervalle, in die diese Zahlen das Intervall $[0,1]$ zerlegen, höchstens drei verschiedene Längen haben.

Nun wollen wir das Billard im Einheitsquadrat betrachten. Obwohl die Form eines Quadrats ganz anders ist als die eines Kreises, unterscheidet sich das Billard in den beiden Figuren kaum. Wir verwenden die Entfaltungmethode aus Kapitel 1.

Aus der Entfaltung des Einheitsquadrats ergibt sich die Ebene mit einem Quadratgitter. Aus den Billardbahnen werden Geraden in der Ebene. Zwei Geraden in der Ebene entsprechen derselben Billardbahn, wenn sie sich durch eine Verschiebung um einen Vektor aus dem Gitter $2\mathbf{Z}+2\mathbf{Z}$ voneinander unterscheiden. Bedenken Sie, dass zwei benachbarte Quadrate eine entgegengesetzte Orientierung haben: Sie sind symmetrisch bezüglich ihrer gemeinsamen Seite. Betrachten wir ein größeres Quadrat aus vier Einheitsquadraten um einen gemeinsamen Eckpunkt. Wir identifizieren die gegenüberliegenden Seiten des Quadrats, sodass wir einen Torus erhalten. Eine Billardbahn wird dann zu einer geodätischen Linie auf diesem flachen Torus.

[1] Es kommt in der Geschichte der Wissenschaft ziemlich oft vor, dass Resultate nach Personen benannt werden, die nicht ihre ersten Entdecker sind.

[2] Internal Revenue Service, Bundessteuerbehörde der Vereinigten Staaten

Wir betrachten Bahnen in einer festen Richtung α. Wenn wir eine solche Bahn in einem Punkt x an der Unterseite des 2×2-Quadrats starten lassen, so schneidet diese Bahn die Oberseite im Punkt $x+2\cot\alpha \mod 2$. Durch Reskalieren mit einem Faktor $1/2$ erhalten wir eine Kreisdrehung $S^1=\mathbf{R}^1/\mathbf{Z}$ mit $x\mapsto x+\cot\alpha \mod 1$. Der Billardfluss in einer festen Richtung reduziert sich also auf eine Kreisdrehung.

Für einen rationalen Anstieg ergibt sich eine periodische Bahn; und für einen irrationalen Anstieg ist die Bahn überall dicht und im Quadrat gleichverteilt.

Diese Sichtweise können wir auf das Billard in einem Einheitswürfel des $\mathbf{R}^n$ übertragen. Indem wir eine Richtung für die Billardbahnen festlegen, reduzieren wir das Billard auf eine Drehung des Torus T^{n-1}.

Übung 2.5 Schreiben Sie einem Würfel einen Tetraeder ein (vgl. Abb. 2.1). Betrachten Sie die Billardkugel an einem allgemeinen Punkt auf der Oberfläche des Tetraeders. Die Kugel soll sich in eine allgemeine Richtung bewegen, die tangential zu dieser Oberfläche ist. Beschreiben Sie den Abschluss dieser Billardbahn (vgl. I. Schoenberg [90]).

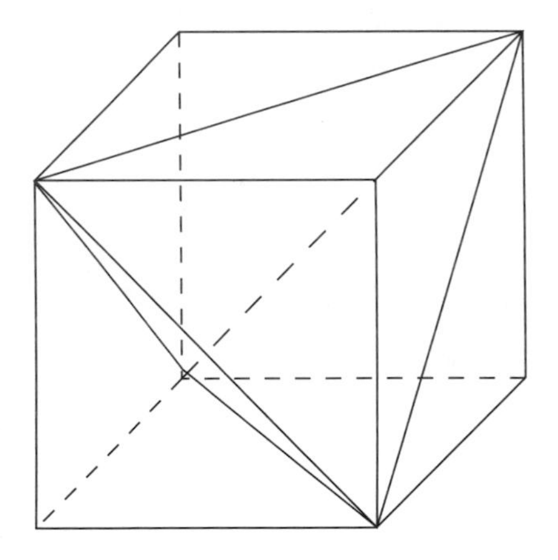

Abb. 2.1 Tetraeder in einem Würfel

Eine natürliche Frage in Bezug auf das Billard in einem Quadrat lautet: Wie viele Bahnen mit einer Länge kleiner als L gibt es? Man sollte sich darüber im Klaren sein, was diese Frage bedeutet: Periodische Bahnen treten nämlich in parallelen Scharen auf; es ist also die Anzahl dieser Scharen, nach der hier gefragt ist.

Die Entfaltung einer periodischen Bahn ist ein Geradenabschnitt in der Ebene, deren Endpunkte sich durch eine Verschiebung um einen Vektor aus dem Gitter $2\mathbf{Z}+2\mathbf{Z}$ unterscheiden. Nehmen wir an, dass eine entfaltete Bahn vom Ursprung zum Punkt $(2p,2q)$ verläuft. Eine Bahn in südöstliche Richtung verläuft nach der Reflexion in nordöstliche Richtung, sodass wir ohne Beschränkung der Allgemeinheit annehmen können, dass p und q nichtnegativ sind. Die Länge der Bahn ist $2\sqrt{p^2+q^2}$, und zu einer Wahl von p und q gehören zwei Richtungen der Bahn. Folglich ist die Anzahl der periodischen Bahnen mit einer Länge kleiner L die Anzahl nichtnegativer ganzer Zahlen, die die Ungleichung $p^2 + q^2 < L^2/2$ erfüllen.

In erster Näherung ist das die Anzahl der ganzzahligen Punkte im Viertel des Kreises mit dem Radius $L/\sqrt{2}$. Modulo Terme niedriger Ordnung ist das der Flächeninhalt, also $\pi L^2/8$. Folglich gibt es für die Anzahl der Scharen periodischer Bahnen einer Länge kleiner L die quadratischen Asymptoten $N(L) \sim \pi L^2/8$.

In einem Quadrat betrachten wir nun eine Billardbahn, deren Anstieg irrational ist. Wir kodieren die Bahn durch ein unendliches Wort aus zwei Buchstaben, nämlich 0 und 1. Die Buchstaben geben an, ob die nächste Reflexion an einer horizontalen oder an einer vertikalen Seite erfolgt. Entsprechend ist die entfaltete Bahn eine Gerade L, die nacheinander horizontale oder vertikale Abschnitte des Einheitsgitters schneidet. Wir nennen diese Folge aus Nullen und Einsen die *Schnittfolge* der Gerade L. Eine Folge heißt *quasiperiodisch*, wenn jeder ihrer endlich vielen Abschnitte unendlich oft vorkommt.

Satz 2.3 *Die Schnittfolge w der Gerade L mit irrationalem Anstieg ist nicht periodisch, aber quasiperiodisch.*

Beweis. Betrachten wir einen endlichen Abschnitt der Folge w mit p Nullen und q Einsen. Der entsprechende Teil von L hat sich p Einheiten in vertikale Richtung und q Einheiten in horizontale Richtung bewegt. Wir nehmen an, dass w periodisch ist, und eine Periode umfasst p_0 Nullen und q_0 Einsen. Der Anstieg der Gerade L ist der Grenzwert $n \to \infty$ der Anstiege ihrer Abschnitte L_n, die zu den Abschnitten von w aus n Perioden gehören. Der Anstieg von L_n ist $(np_0)/(nq_0)$, und der Grenzwert im Limes $n \to \infty$ ist $p_0/q_0 \in \mathbf{Q}$. Dies widerspricht unserer Annahme, dass der Anstieg von L irrational ist.

Liegen zwei Punkte des Quadrats hinreichend nah beieinander, so fallen hinreichend lange Abschnitte der Schnittfolgen der parallelen Billardbahnen zusammen, die durch diese Punkte verlaufen. Aus Satz 2.2 wissen wir: Da der Anstieg der Gerade L irrational ist, wird die Bahn zu jeder Umgebung ihrer Punkte unendlich oft zurückkehren. Daraus ergibt sich die Quasiperiodizität von w. □

▶ **Beispiel 2.1** In gewisser Weise kann man sagen, dass die interessanteste aller irrationalen Zahlen der Goldene Schnitt $\varphi = (1+\sqrt{5})/2$ ist. Sei L die Gerade durch den Ursprung mit dem Anstieg φ. Die entsprechende Schnittfolge

$$w = \ldots 0100101001001 \ldots$$

heißt Fibonacci-Folge (in Übung 2.6 erfahren Sie weshalb). Diese Folge hat eine bemerkenswerte Eigenschaft: w ist invariant unter der Substitution

$$\sigma : 0 \mapsto 01, \quad 1 \mapsto 0.$$

Um diese Eigenschaft zu beweisen, betrachten wir die lineare Transformation

$$A = \begin{pmatrix} -1 & 1 \\ 1 & 0 \end{pmatrix}.$$

φ ist ein Eigenwert von A. Also ist die Gerade L unter A invariant. Die Abbildung A transformiert das Quadratgitter in ein Gitter aus Parallelogrammen (vgl. Abb. 2.2). Sei w' die Schnittfolge von L bezüglich des neuen Gitters. Einerseits gilt $w' = w$, denn A überführt ein Gitter in das andere. Andererseits ergibt sich aus Abb. 2.2, dass jede 0 in w zu 01 in w' wird, und jede 1 in w wird zu 0 in w'. Dies beweist die Invarianz von w unter σ.

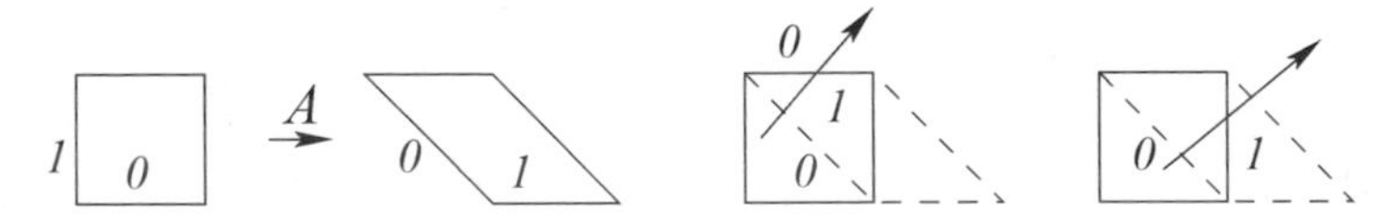

Abb. 2.2 Quadratgitter und Gitter aus Parallelogrammen

Es sei Ihnen überlassen, über ähnliche Ersetzungsregeln für Geraden nachzudenken, deren Anstiege andere quadratisch irrationale Zahlen sind, sowie über ihre Beziehung zu Kettenbrüchen.

Übung 2.6 Sei $w_n = \sigma^n(0)$. Beweisen Sie, dass die Längen von w_n Fibonacci-Zahlen sind.

Wir hätten gern ein quantitatives Maß für die Komplexität der Schnittfolge einer Billardbahn. Dazu betrachten wir eine unendliche Folge w von Symbolen (in unserem Fall sind das Nullen und Einsen). Die *Komplexitätsfunktion* $p(n)$ ist die Anzahl der verschiedenen Abschnitte der Länge n in w. Je schneller $p(n)$ wächst, umso komplexer ist die Folge w. Bei zwei Symbolen ist das schnellstmögliche Wachstum $p(n) = 2^n$.

Für die Komplexität der Schnittfolge einer Geraden L mit einem irrationalen Anstieg ergibt sich damit folgende Komplexitätsfunktion.

Satz 2.4 $p(n) = n + 1$.

Beweis. Eine Billardbahn mit einem irrationalen Anstieg kommt jedem Punkt des Quadrats beliebig nahe. Die Mengen der Abschnitte der Länge n der Schnittfolgen zweier beliebiger paralleler Bahnen fallen deshalb zusammen. Daher können wir die Komplexität bestimmen, indem wir die Anzahl verschiedener Anfangsabschnitte der Länge n in den Schnittfolgen aller parallelen Geraden mit einem gegebenen Anstieg bestimmen. Tatsächlich reicht es sogar, nur die Geraden zu betrachten, die auf der Diagonale des Einheitsquadrats starten.

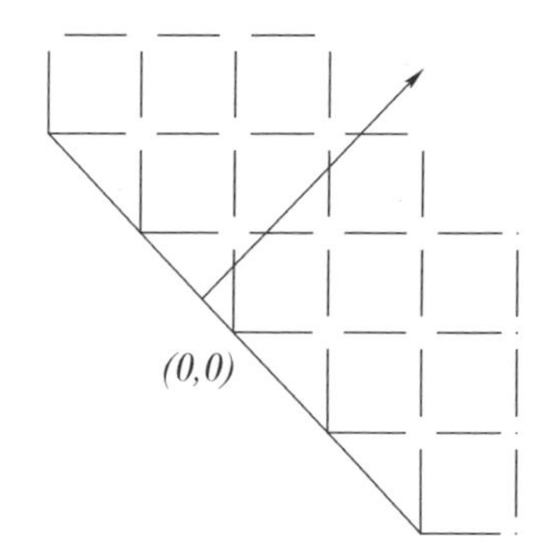

Abb. 2.3 Ein in Stufenleitern unterteiltes Quadratgitter

Wir zerlegen das Quadratgitter in „Stufenleitern" (vgl. Abb. 2.3). Das k-te Symbol in der Schnittfolge ist 0 oder 1, abhängig davon, ob die Gerade einen horizontalen oder einen vertikalen Abschnitt der k-ten Stufenleiter trifft.

Wir projizieren die Ebene auf die Diagonale $x+y=0$ längs L und faktorisieren die Diagonale durch Verschiebung um den Vektor $(1,-1)$, sodass wir einen Kreis S^1 erhalten. Die Projektionen der Eckpunkte der ersten Stufenleiter zerlegen den Kreis in zwei irrationale Kreisbögen. Sei T die Drehung von S^1 um eine Bogenlänge, also um die Projektion des Vektors $(1,0)$. Jede nachfolgende Stufenleiter ergibt sich aus der ersten durch eine Verschiebung um den Vektor $(1,0)$. Deshalb sind die Projektionen der Eckpunkte der ersten n Stufenleitern die Punkte des Orbits $T^i(0), i=0,\ldots,n$. Weil T eine irrationale Drehung ist, sind all diese Punkte voneinander verschieden, und es gibt n davon.

Um die n-Anfangsabschnitte der Schnittfolgen zu beschreiben, legen wir die Gerade zuerst durch den Ursprung $(0,0)$ und verschieben sie dann parallel längs der Diagonalen des Einheitsquadrats zum Punkt $(-1,1)$. Die n Abschnitte der Schnittfolge der Gerade ändern sich genau dann, wenn die Gerade durch einen Eckpunkt einer der n ersten Stufenleitern läuft. Wie wir gesehen haben, gibt es $n+1$ solcher Ereignisse, und folglich ist $p(n)=n+1$. □

Anmerkung 1 Ähnlich kann man Billardbahnen in einem k-dimensionalen Würfel kodieren: Die Schnittfolge besteht aus k Symbolen, die den Richtungen der Flächen entsprechen. Die Komplexität $p(n)$ einer solchen Schnittfolge ist ein Polynom in n von der Ordnung $k-1$ (Yu. Baryshnikov [9] liefert eine explizite Formel). Es gibt eine umfangreiche Literatur über die Komplexität von polygonalen Billards (vgl. [50, 54, 116]).

2.2 Exkurs: Sturm'sche Folgen.

Die Folgen mit einer Komplexität von $p(n)=n+1$ nennt man *Sturm'sche Folgen.* Diese Komplexität ist die kleinstmögliche Komplexität einer nichtperiodischen Folge, wie das nächste Lemma besagt.

Lemma 2.1 *Sei w ein unendliches Wort aus einer endlichen Anzahl von Symbolen, und sei $p(n)$ seine Komplexität. Dann ist w genau dann* ***ultimativ periodisch****, wenn $p(n) \leq n$ für ein n gilt.*

Beweis. Wir nehmen an, dass w ultimativ periodisch ist; die Länge des Präfix sei p, und die Länge der Periode sei q. Dann ist $p(n) \leq p+q$, und folglich gilt $p(n) \leq n$ für $n \geq p+q$.

Wir behaupten: Wenn w nicht ultimativ periodisch ist, so gilt $p(n+1) > p(n)$ für alle n. Bedenken Sie, dass $p(1) > 1$ gilt (anderenfalls würde w nur aus einem Symbol bestehen). Dann gilt unter Annahme der Behauptung $p(2) > p(1) \geq 2$, usw., und schließlich $p(n) \geq n+1$.

Wir müssen also nur die obige Behauptung beweisen. Ist $p(n+1) = p(n)$, so hat jeder Abschnitt der Länge n in w eine eindeutige rechtsseitige Fortsetzung auf einen Abschnitt der Länge $n+1$. Es gibt nur endlich viele verschiedene Abschnitte der Länge n. Seien $a_i a_{i+1} \ldots a_{i+n-1}$ und $a_j a_{j+1} \ldots a_{j+n-1}$ zwei identische Abschnitte der Länge n. Die rechtsseitige Fortsetzung ist eindeutig. Deshalb gilt $a_{i+n} = a_{j+n}$ usw., sodass $a_{i+k} = a_{j+k}$ für alle $k \geq 1$ gilt. Insbesondere ist der Abschnitt $a_i a_{i+1} \ldots a_{j-1}$ eine Periode von w. □

Folglich sind Sturm'sche Folgen die nichtperiodischen Folgen mit der kleinstmöglichen Komplexität. ♣

Das Ergebnis der nächsten Übung wurde von Lord Rayleigh entdeckt, als er die schwingende Saite untersuchte, im Jahr 1926 wurde es von S. Beatty wiederentdeckt (vgl. I. Schoenberg [90]).

Übung 2.7 **a)** Seien a und b positive irrationale Zahlen, die die Gleichung $1/a + 1/b = 1$ erfüllen. Betrachten Sie die Geraden $y = ax$ und $y = bx$. Nähern Sie die Geraden durch „untere Treppen“(vgl. Abb. 2.4 auf der nächsten Seite). Beweisen Sie, dass jede positive ganze Zahl genau einmal als die Höhe einer Stufe einer dieser beiden Treppen auftritt. Mit anderen Worten: Jede natürliche Zahl lässt sich entweder als $[ak]$ oder als $[bn]$ mit $k, n \in \mathbf{Z}$ darstellen, aber nicht als beide.
b) Sei φ der Goldene Schnitt. Beweisen Sie, dass gilt:

$$[\varphi^2 n] = [\varphi[\varphi n]] + 1 \quad \text{für } n = 1, 2, \ldots.$$

Anmerkung 2 Übung 2.7 ist eng mit dem Wythoff-Spiel verknüpft. Dabei gibt es zwei Spieler, die abwechselnd ziehen, und zwei Haufen mit Objekten (beispielsweise Kieselsteine). In einem Zug kann ein Spieler eine beliebige Anzahl von Objekten von einem Haufen nehmen oder eine gleiche Anzahl von Objekten von beiden Haufen. Wer zuerst keinen Zug mehr machen kann, hat verloren. Die Verlierposition besteht für den ersten Spieler genau aus den Paaren $([\varphi n], [\varphi^2 n])$:

$$(0,0), (1,2), (3,5), (4,7), (6,10), (8,13), \ldots$$

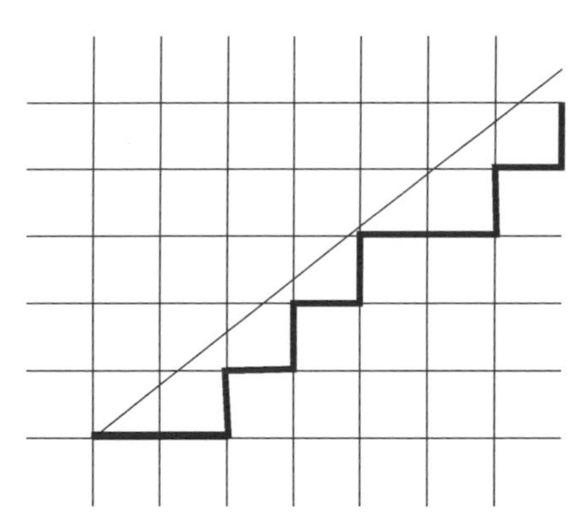

Abb. 2.4 Näherung durch eine untere Treppenfunktion

Aus Übung 2.7 ergibt sich, dass jede positive ganze Zahl als Glied der Verlierposition genau einmal auftritt (vgl. [14, 32] für eine Analyse des Wythoff-Spiels).

Zum Abschluss dieses Kapitels wollen wir eine mehrdimensionale Version der Schnittfolge einer Gerade erwähnen. Wir betrachten dabei einen Unterraum W des euklidischen Raumes mit dem ganzzahligen Gitter. Dieser Raum muss nicht eindimensional sein. Weiter nehmen wir an, dass W hinreichend irrational ist, und wir betrachten die „Stufenleiter"-Näherung dieses Unterraumes. Die orthogonalen Projektionen der Seiten dieser Stufenleiter auf den Unterraum W zerlegen ihn dann in Parallelepipede. Wir erhalten so eine quasiperiodische Parkettierung von W. Die entstandende Struktur nennt man Quasikristall; die wahrscheinlich berühmteste Parkettierung ist die rhombische Penrose-Parkettierung in der Ebene (die eng mit dem Goldenen Schnitt verknüpft ist). Wenn Sie sich mit diesem wunderschönen Thema befassen wollen, verweisen wir auf [84, 93]. Überraschenderweise ist dieses Thema kein rein mathematisches Konstrukt: Quasikristalle lassen sich auch in der Natur beobachten.

Kapitel 3
Billardkugelabbildung und Integralgeometrie

Bisher haben wir hauptsächlich über den Billardfluss gesprochen, also ein kontinuierliches System. Wir ersetzen nun die stetige Zeit durch eine diskrete Zeit und beschäftigen uns mit der Billardkugelabbildung.

Für den Moment betrachten wir einen ebenen Billardtisch G, dessen Rand eine glatte geschlossene Kurve γ ist. Sei M der Raum der Einheitstangentialvektoren (x,v), deren Fußpunkte x auf γ liegen und die nach innen gerichtet sind. Ein Vektor (x,v) ist eine Anfangsposition der Billardkugel. Der Ball bewegt sich frei und trifft γ im Punkt x_1; sei v_1 der vom Rand reflektierte Geschwindigkeitsvektor. Die Billardkugelabbildung $T: M \to M$ überführt (x,v) in (x_1,v_1). Bedenken Sie, dass T für ein nicht konvexes Gebiet G nicht stetig ist: Das liegt an der Existenz von Billardbahnen, die den Rand von innen tangential berühren.

Wir parametrisieren γ durch die Bogenlänge t. Sei α der Winkel zwischen v und der positiven Tangente an γ. Dann sind (t,α) Koordinaten auf M; insbesondere ist M der Zylinder. Ein fundamentales Merkmal der Billardkugelabbildung ist die Existenz einer invarianten Flächenform.

Satz 3.1 *Die Flächenform $\omega = \sin\alpha \; d\alpha \wedge dt$ ist T-invariant.*

Beweis. Vergegenwärtigen Sie sich zunächst, dass $\sin\alpha > 0$ auf M ist; deshalb ist ω eine Flächenform. Um ihre Invarianz zu beweisen, sei $f(t,t_1)$ der Abstand zwischen den Punkten $\gamma(t)$ und $\gamma(t_1)$. Die partielle Ableitung $\partial f/\partial t_1$ ist die Projektion des Gradienten des Abstands $|\gamma(t)\gamma(t_1)|$ auf die Kurve im Punkt $\gamma(t_1)$. Dieser Gradient ist der Einheitsvektor von $\gamma(t)$ nach $\gamma(t_1)$ (vgl. Kapitel 1). Er bildet mit der Kurve einen Winkel α_1; folglich ist $\partial f/\partial t_1 = \cos\alpha_1$. Genauso gilt $\partial f/\partial t = -\cos\alpha$. Deshalb haben wir

$$df = \frac{\partial f}{\partial t} dt + \frac{\partial f}{\partial t_1} dt_1 = -\cos\alpha\; dt + \cos\alpha_1\; dt_1\,,$$

und folglich ist

$$0 = d^2 f = \sin\alpha\; d\alpha \wedge dt - \sin\alpha_1\; d\alpha_1 \wedge dt_1\,.$$

Dies bedeutet, dass ω eine T-invariante Flächenform ist. □

Jedes Mal, wenn wir eine Funktion über dem Billardphasenraum integrieren müssen, tun wir dies bezüglich der Flächenform ω. Insbesondere gilt das folgende Korollar. Sei dabei L die Länge von γ und A der Flächeninhalt von G.

Korollar 3.1 *Der Flächeninhalt des Phasenraums M ist $2L$.*

Beweis. Der Flächeninhalt von M ist gleich

$$\int_0^L \int_0^\pi \sin\alpha\; d\alpha\; dt\,,$$

und daraus ergibt sich leicht das Resultat. □

Im Sinne der geometrischen Optik wollen wir den Raum N der orientierten Geraden in der Ebene betrachten. Dort können wir eine orientierte Gerade durch ihre Richtung, also einen Winkel φ, und ihren vorzeichenbehafteten Abstand p vom Ursprung O beschreiben (das Vorzeichen von p wird von dem Rahmen bestimmt, der aus dem orthogonalen Vektor vom Ursprung zur Geraden und aus dem Richtungsvektor der Geraden besteht). Somit ist der Raum N ein Zylinder mit den Koordinaten (φ, p).

Übung 3.1 Beschreiben Sie den Raum der nichtorientierten Geraden in der Ebene.

Übung 3.2 Sei $O' = O + (a,b)$ eine andere Wahl des Ursprungs. Zeigen Sie, dass die neuen Koordinaten von den alten folgendermaßen abhängen:

$$\varphi' = \varphi, \quad p' = p - a\sin\varphi + b\cos\varphi\,. \tag{3.1}$$

Der Raum der Geraden N hat eine Flächenform $\Omega = d\varphi \wedge dp$.

Lemma 3.1 *Die Flächenform Ω ist unter den orientierungserhaltenden Bewegungen der Ebene invariant.*

Beweis. Jede orientierungserhaltende Bewegung setzt sich aus einer Drehung um den Ursprung und einer Parallelverschiebung zusammen. Unter der Drehung ist

$$\varphi' = \varphi + c, \quad p' = p,$$

und offensichlich gilt $\Omega' = \Omega$. Das Ergebnis der Parallelverschiebung beschreibt Gleichung (3.1). Daraus ergibt sich

$$d\varphi' = d\varphi, \quad dp' = dp - (a\cos\varphi + b\sin\varphi)\, d\varphi,$$

und folglich gilt $d\varphi' \wedge dp' = d\varphi \wedge dp$. □

Übung 3.3 **a)** Beweisen Sie, dass Ω eine bis auf einen konstanten Faktor eindeutige Flächenform auf dem Raum der orientierten Geraden ist, die invariant ist unter den orientierungserhaltenden Bewegungen der Ebene.
b) Gibt es eine Riemann'sche Metrik auf dem Raum der orientierten Geraden, die unter den orientierungserhaltenden Bewegungen der Ebene invariant ist?

Die beiden Räume M und N sind durch die Abbildung $\Phi : M \to N$ miteinander verknüpft. Diese Abbildung weist einer orientierten Geraden einen Einheitsvektor zu. Für einen konvexen Billardtisch ist Φ eineindeutig. Die Beziehung zwischen den Flächenformen ist folgendermaßen.

Lemma 3.2 $\Phi^*(\Omega) = \omega$.

Beweis. Seien (t, α) die Koordinaten in M und (φ, p) die entsprechenden Koordinaten in N. Mit $\psi(t)$ bezeichnen wir die Richtung der positiven Tangente an die Kurve γ im Punkt $\gamma(t)$, und seien γ_1 und γ_2 die beiden Komponenten des Ortsvektors γ. Dann gilt

$$\varphi = \alpha + \psi(t), \quad p = \gamma \times (\cos\varphi, \sin\varphi)$$

(vgl. Abb. 3.1). Daraus ergibt sich

$$d\varphi = d\alpha + \psi' dt, \quad dp = (\gamma_1' \sin\varphi - \gamma_2' \cos\varphi)\, dt + (\gamma_1 \cos\varphi + \gamma_2 \sin\varphi)\, d\varphi.$$

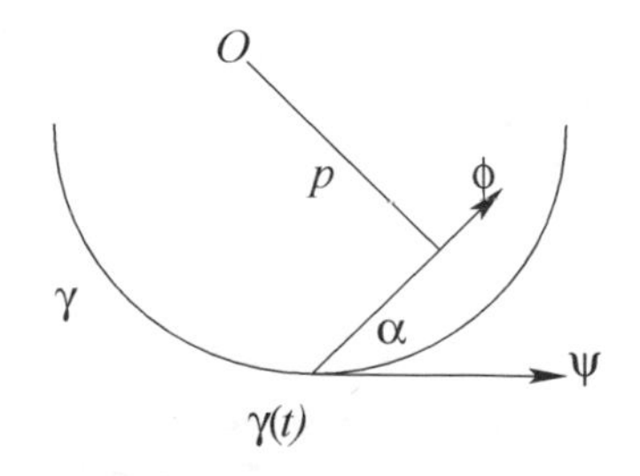

Abb. 3.1 Beziehung zwischen zwei Flächenformen

Somit ist

$$d\varphi \wedge dp = (\gamma_1' \sin\varphi - \gamma_2' \cos\varphi)\, d\alpha \wedge dt\,.$$

Weil $(\gamma_1', \gamma_2') = (\cos\psi, \sin\psi)$ ist, gilt $\gamma_1' \sin\varphi - \gamma_2' \cos\varphi = \sin\alpha$, und deshalb ist $d\varphi \wedge dp = \sin\alpha\, d\alpha \wedge dt$, wie wir behauptet hatten. □

Unmittelbar daraus ergibt sich eine Gleichung für die mittlere freie Bahn auf einem Billardtisch (in einem Gebiet G). Sei f die Funktion auf dem Phasenraum M, deren Wert im Punkt (x, v) die Länge der mittleren freien Bahn der Billardkugel ist, bis sie den Rand γ trifft.

Korollar 3.2 *Der Mittelwert von f ist $\pi A/L$.*

Beweis. Wir müssen das Integral

$$\int_M f\omega \tag{3.2}$$

berechnen. Sei h eine Funktion auf dem Raum der Geraden N, deren Wert auf einer Geraden l die Länge ihres Teils im Billardtisch ist. Nach Lemma 3.2 ist das Integral (3.2) gleich

$$\int_N h\, dp\, d\varphi = A \int_0^{2\pi} d\varphi = 2\pi A\,,$$

wobei sich der erste Teil aus der offenkundigen Tatsache ergibt, dass für eine festgehaltene Richtung das Integral $\int h\, dp$ der Flächeninhalt des Tisches ist. Nach Korollar 3.1 ist der Mittelwert von f dann wie behauptet $2\pi A/2L$. □

Lassen Sie uns noch einmal wiederholen: Für einen konvexen Billardtisch kann man die Billardkugelabbildung als eine Abbildung des Raumes der orientierten Geraden auffassen, die den Billardtisch schneiden. Diese Abbildung ist flächentreu, wobei die Flächenform Ω ist.

Übung 3.4 Betrachten Sie zwei homogene und isotrope Medien, die durch eine glatte Kurve voneinander getrennt sind. Die Lichtgeschwindigkeiten in den Medien seien c_0 und c_1. Mit N_0 und N_1 bezeichnen wir die Räume der orientierten Geraden in den beiden Gebieten. Die zugehörigen Flächenformen in N_0 und N_1 sind Ω_0 und Ω_1. Sei $T : N_0 \to N_1$ die (teilweise definierte) Abbildung für die durch das Snellius'sche Gesetz beschriebene Brechung des Lichts (vgl. Abb. 1.10 auf Seite 13). Beweisen Sie, dass $T^*(\Omega_1) = (c_1/c_0)\Omega_0$ gilt.

Wir können die Flächenform Ω auf dem Raum der Geraden verwenden, um die Länge einer Kurve zu berechnen. Das folgende Resultat, dessen Spezialfall uns in Korollar 3.1 bereits begegnet ist, nennt man Crofton-Formel.

Gegeben sei eine glatte ebene Kurve γ (die nicht unbedingt geschlossen oder einfach sein muss). Sei $n_\gamma(l)$ die Funktion auf dem Raum der orientierten Geraden, die die Anzahl der Schnittpunkte von l mit γ angibt. Die Funktion n_γ ist für fast jede Gerade wohldefiniert und lokal konstant; und zwar ändert sich der Wert von n_γ nur, wenn die Geraden tangential zur Kurve γ werden. Die Koordinaten von l sind (φ, p). Also schreiben wir die Funktion als $n_\gamma(\varphi, p)$.

Satz 3.2 *Es gilt:*

$$\text{Länge}(\gamma) = \frac{1}{4}\iint n_\gamma(\varphi, p)\, d\varphi\, dp\,. \tag{3.3}$$

Beweis. Wir können die Kurve γ durch einen Polygonzug nähern. Und es reicht aus, (3.3) für einen solchen Polygonzug zu beweisen. Nehmen wir an, dass ein Polygonzug die Verkettung zweier Polygonzüge γ_1 und γ_2 ist. Beide Seiten der Gleichung (3.3) sind additiv, und die Gleichung für γ würde sich aus den Gleichungen für γ_1 und γ_2 ergeben. Somit brauchen wir (3.3) nur für einen Geradenabschnitt zu beweisen. Dies können wir durch eine direkte Berechnung tun, oder aber in der folgenden „fauleren“ Weise.

Sei γ_0 der Einheitsabschnitt, und sei

$$\int_N n_{\gamma_0}(l)\Omega = C$$

(die Konstante hängt nicht von der Lage des Abschnitts ab, weil die Flächenform auf dem Raum der Geraden unter Isometrien invariant ist). Aufgrund der Additivität gilt dann wieder

$$\int_N n_\gamma(l)\Omega = C|\gamma|$$

für jeden Abschnitt γ. Nach der obigen Argumentation gilt für jede glatte Kurve γ:

$$\int_N n_\gamma(l)\Omega = C\,\text{Länge}(\gamma)\,.$$

Wir müssen nur noch zeigen, dass $C = 4$ ist. Dies sehen wir am leichtesten, wenn γ der Einheitskreis um den Ursprung ist: Dann ist für alle φ und $-1 \le p \le 1$ nämlich $n_\gamma(\varphi, p) = 2$, und null sonst. □

Übung 3.5 Führen Sie eine direkte Berechnung der rechten Seite der Gleichung (3.3) für den Fall aus, dass γ ein Geradenabschnitt ist.

Übung 3.6 Der Abstand der Zeilen auf einem linierten Papier sei 1. Bestimmen Sie die Wahrscheinlichkeit, dass ein Geradenabschnitt der Länge 1, der zufällig auf das Papier geworfen wird, eine Linie schneidet.[1]
Hinweis: Nehmen Sie allgemeiner an, dass eine Kurve zufällig auf das linierte Papier geworfen wird. Die mittlere Anzahl der Schnittpunkte mit einer Geraden hängt nur von der Länge der Kurve ab und ist für einen Kreis mit dem Durchmesser 1 und dem Umfang π gleich 2.

Die Crofton-Formel hat zahlreiche Anwendungen (vgl. Santalo [89]). Vier davon werden wir diskutieren.

1) Wir betrachten zwei verschachtelte geschlossene konvexe Kurven γ und Γ (vgl. Abb. 3.2) mit den Längen l und L. Wir behaupten, dass $L \geq l$ gilt. Tatsächlich schneidet eine Gerade eine konvexe Kurve in zwei Punkten, und jede Gerade, die die innere Kurve schneidet, schneidet auch die äußere Kurve. Folglich gilt $n_\Gamma \geq n_\gamma$, und die Behauptung ergibt sich aus der Crofton-Formel.

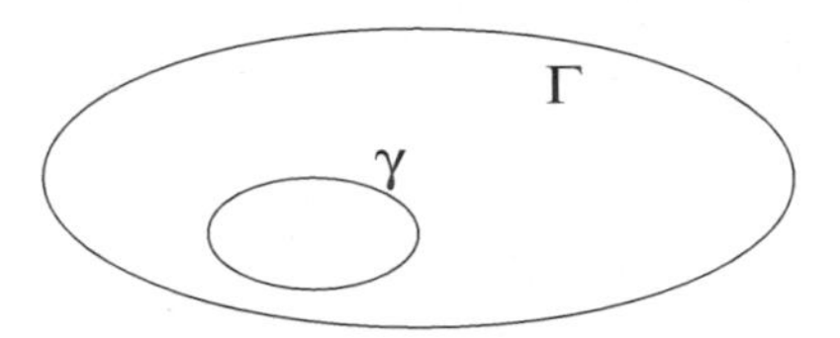

Abb. 3.2 Längen von verschachtelten konvexen Kurven

Übung 3.7 Nehmen Sie nun an, dass γ nicht unbedingt konvex oder geschlossen ist. Beweisen Sie, dass eine Gerade existiert, die γ mindestens $[2l/L]$-mal schneidet.

2) Sei γ eine geschlossene konvexe Kurve konstanter Breite d. Dann gilt wie für den Kreis: Länge $(\gamma) = \pi d$.

Wir wählen einen Ursprung im Innern von γ. Wir betrachten die Tangente an γ in der Richtung φ, und sei $p(\varphi)$ der Abstand vom Ursprung. Die periodische Funktion $p(\varphi)$ heißt *Stützfunktion* der Kurve. Die Stützfunktion bestimmt eine 1-parametrige Geradenschar $p = p(\varphi)$, und die Kurve γ ist deren Einhüllende.

Die Bedingung der konstanten Breite bedeutet: $p(\varphi) + p(\varphi + \pi) = d$. Damit ergibt sich aus der Crofton-Formel

$$\text{Länge } (\gamma) = \frac{1}{4} \int_0^{2\pi} \int_{-p(\varphi+\pi)}^{p(\varphi)} 2\, dp\, d\varphi = \frac{1}{2} d \int_0^{2\pi} d\varphi = \pi d\,,$$

wie wir behauptet hatten.

[1] Das ist das berühmte Buffon'sche Nadelproblem.

Übung 3.8 **a)** Wie hängt die Stützfunktion von der Wahl des Ursprungs ab?
b) Drücken Sie die von γ begrenzte Fläche als Funktion der Stützfunktion aus.
c) Parametrisieren Sie γ durch den Winkel φ, den die Tangente an γ mit einer festen Richtung bildet. Die Stützfunktion sei $p(\varphi)$. Beweisen Sie, dass gilt:

$$\gamma(\varphi)\left(p(\varphi)\sin\varphi + p'(\varphi)\cos\varphi, -p(\varphi)\cos\varphi + p'(\varphi)\sin\varphi\right). \tag{3.4}$$

d) Zeigen Sie, dass der Krümmungsradius von $\gamma(\varphi)$ gleich $p''(\varphi)+p(\varphi)$ ist.

3) Die berühmte *isoperimetrische Ungleichung* besagt, dass die Länge L einer einfachen geschlossenen ebenen Kurve γ und der von ihr umschlossene Flächeninhalt A die folgende Ungleichung erfüllen:

$$L^2 \geq 4\pi A\,, \tag{3.5}$$

wobei das Gleichheitszeichen nur für den Kreis gilt. Für diese Ungleichung gibt es viele Beweise (vgl. Burago und Zalgaller [26] für eine umfassende Übersicht). Der folgende Beweis ist von W. Blaschke (vgl. Santalo [89]).
Nehmen wir an, dass γ konvex und glatt ist, und seien t und α die Koordinaten im Phasenraum M des Billards im Innern von γ. Wie vorhin sei $f(t,\alpha)$ die Länge der freien Bahn der Billardkugel. Wir betrachten zwei unabhängige Phasenpunkte (t,α) und (t_1,α_1). Das folgende Integral ist offensichtlich nicht negativ:

$$\int_{M\times M} \left(f(t,\alpha)\sin\alpha_1 - f(t_1,\alpha_1)\sin\alpha\right)^2\, dt\, d\alpha\, dt_1\, d\alpha_1\,. \tag{3.6}$$

Das Integral (3.6) lässt sich leicht berechnen. Und zwar ergibt sich zunächst aus der Gleichung für den Flächeninhalt in Polarkoordinaten

$$\int_0^\pi f^2(t,\alpha)\, d\alpha = 2A\,,$$

und somit ist

$$\int_M f^2(t,\alpha)\, d\alpha\, dt = 2AL\,.$$

Anschließend ist

$$\int_0^\pi \sin^2\alpha\, d\alpha = \frac{\pi}{2},$$

und deshalb ist

$$\int_M \sin^2\alpha\, d\alpha\, dt = \frac{\pi L}{2}.$$

Schließlich ist

$$\int_M f(t,\alpha)\sin\alpha\, d\alpha\, dt = 2\pi A\,,$$

wie wir in Korollar 3.2 bewiesen haben. Kombinieren wir diese Ergebnisse, so ergibt sich für das Integral (3.6) der folgende Wert:

$$2\pi AL^2 - 2(2\pi A)^2 = 2\pi A(L^2 - 4\pi A) \geq 0\,,$$

woraus die isoperimetrische Ungleichung folgt.

4) Wieder betrachten wir zwei ebene geschlossene glatte verschachtelte Kurven: Die äußere Kurve Γ ist konvex und hat eine konstante Breite, die innere Kurve γ muss nicht unbedingt konvex sein, und sie kann Selbstüberschneidungen haben. Das Bild erinnert an die DNA im Innern einer Zelle (vgl. Abb. 3.3).

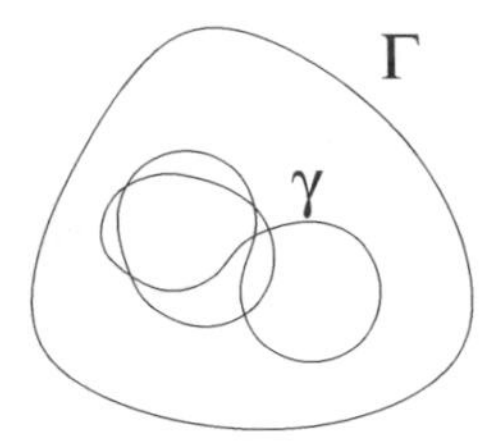

Abb. 3.3 DNA-Ungleichung

Wir definieren die totale Krümmung einer geschlossenen Kurve als das Integral über den Betrag der Krümmung bezüglich des Bogenlängenparameters entlang der gesamten Kurve. Die totale Krümmung ist die „totale Windung“ der Kurve (anders als das Integral der Krümmung, das positive oder negative Werte haben kann, ist die totale Krümmung nicht zwangsläufig ein Vielfaches von 2π). Die *mittlere Absolutkrümmung* einer Kurve ist die totale Krümmung dividiert durch die Länge.

Es gilt folgende geometrische *DNA-Ungleichung*.

Satz 3.3 *Die mittlere Absolutkrümmung von Γ ist nicht größer als die mittlere Absolutkrümmung von γ.*

Beweis. Wir wissen bereits, dass die Länge der Kurve Γ gleich πd und ihre totale Krümmung gleich 2π ist. Die totale Krümmung der Kurve γ bezeichnen wir mit C und ihre Länge mit L. Wir wollen die folgende Ungleichung beweisen:

$$\frac{C}{L} \geq \frac{2}{d}. \tag{3.7}$$

Wie vorhin sei N der Raum der orientierten Geraden, die Γ schneiden. Die Koordinaten sind (φ, p). Wir orientieren γ und definieren eine lokal konstante Funktion $q(\varphi)$ auf dem Kreis. Sie soll die Anzahl der orientierten Tangenten an γ mit der Richtung φ angeben. Für die totale Krümmung gilt dann die folgende Integralgleichung:

$$C = \int_0^{2\pi} q(\varphi)\, d\varphi\,. \tag{3.8}$$

Sei t der Bogenlängenparameter der Kurve γ und φ die Richtung ihrer Tangente. Damit ist die Krümmung $k = d\varphi/dt$. Die totale Krümmung

$$\int_0^L |k|\, dt = \int_0^L \left|\frac{d\varphi}{dt}\right| dt$$

ist die totale Variation von φ. Daraus ergibt sich (3.8).
Zur Berechnung von L verwenden wir die Crofton-Formel. Die wesentliche Beobachtung ist, dass für alle p und φ gilt:

$$n_\gamma(\varphi, p) \leq q(\varphi) + q(\varphi + \pi)\,. \tag{3.9}$$

Zwischen zwei aufeinanderfolgenden Schnittpunkten von γ mit einer Geraden, deren Koordinaten (φ, p) sind, hat die Tangente an γ nämlich mindestens einmal die Richtung φ oder $\varphi + \pi$; dies ist im Wesentlichen der Satz von Rolle (vgl. Abb. 3.4).

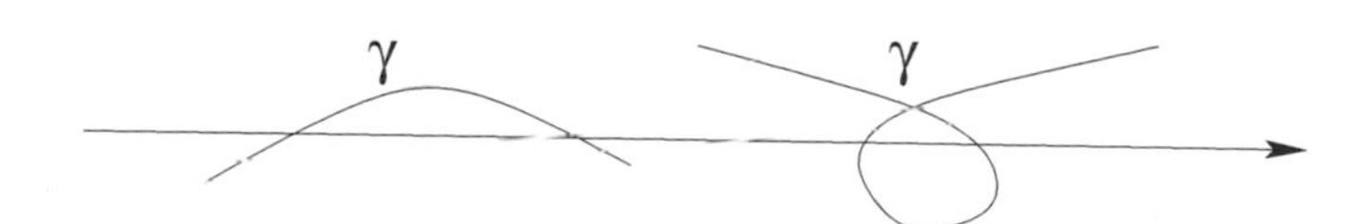

Abb. 3.4 Der Satz von Rolle

Wie vorhin bezeichnen wir die Stützfunktion von Γ mit $p(\varphi)$. Wir müssen nun nur noch die Ungleichung (3.9) unter Berücksichtigung der Crofton-Formel (3.3) und der Gleichung (3.8) integrieren:

$$\begin{aligned} L &= \frac{1}{4}\int_N n_\gamma(\varphi, p)\, dp\, d\varphi \leq \frac{1}{4}\int_0^{2\pi}\int_{-p(\varphi+\pi)}^{p(\varphi)} (q(\varphi) + q(\varphi + \pi))\, dp\, d\varphi \\ &= \frac{d}{4}\int_0^{2\pi} (q(\varphi) + q(\varphi + \pi))\, d\varphi = \frac{d}{2}\int_0^{2\pi} q(\varphi)\, d\varphi = \frac{dC}{2}. \end{aligned}$$

Daraus ergibt sich (3.7). □

Anmerkung 1 Die DNA-Ungleichung für einen Kreis geht auf I. Fáry zurück.[2] Tatsächlich gilt die DNA-Ungleichung für jede konvexe Außenkurve Γ: Das wurde von mir vermutet und von Lagarias und Richardson [63] bewiesen. Ihr Beweis ist ziemlich kompliziert und man kann nur hoffen, dass der „Beweis aus dem Buch" kürzer und transparenter ist (vgl. Nazarov und Petrov [77] für einen glatteren Beweis). Weitere Beweise der DNA-Ungleichung für einen Kreis Γ und eine Diskussion ihrer Verallgemeinerungen finden Sie in Tabachnikov [113].

3.1 Exkurs: Hilberts viertes Problem.

In seinem berühmten Vortrag beim Internationalen Mathematiker-Kongress 1900 formulierte D. Hilbert dreiundzwanzig Probleme, die die Entwicklung der Mathematik im 20. Jahrhundert wesentlich beeinflussen sollten und die die Mathematiker wahrscheinlich weiter inspirieren würden. Im vierten Problem geht es darum, „Geometrien zu konstruieren und zu untersuchen, in denen die Gerade die kürzeste Verbindung zwischen zwei Punkten ist." In diesem Exkurs, der sich an Alvarez [1] orientiert, skizzieren wir kurz die Lösung des Problems in 2 Dimensionen (vgl. [27, 82, 119] für detailliertere Darstellungen, insbesondere für den mehrdimensionalen Fall).

Zuerst wollen wir die Frage klären, was mit dem Begriff „Geometrie" gemeint ist. Ein naheliegender Antwortkandidat, der uns aus der Differentialgeometrie vertraut ist, wäre die Riemann'sche Geometrie. Wie wir aber in Kürze sehen werden, wäre dies zu restriktiv. Die passende Klasse von Metriken sind die Finsler-Metriken, die uns schon im Zusammenhang mit der geometrischen Optik im Kapitel 1 begegnet sind. In diesem Sinne ist die „kürzeste Verbindung zwischen zwei Punkten" die Trajektorie des Lichts. Das ist die Kurve, die den Finsler-Abstand zischen den Punkten minimiert. Solche Kurven nennt man *Geodäten*. Wir wollen Finsler-Metriken in einem konvexen ebenen Gebiet beschreiben, dessen Geodäten Geraden sind. Solche Metriken nennt man *projektiv*.

Wir wollen mit Beispielen beginnen, die Hilberts Bedingung erfüllen. Das naheliegendste Beispiel ist natürlich die euklidische Metrik in der Ebene. Dann betrachten wir die Einheitssphäre S^2 mit der Standardgeometrie (also mit der Metrik, die durch den euklidischen Raum induziert wird, der die Sphäre umgibt). Die Geodäten sind Großkreise. Wir projizieren die Sphäre vom Mittelpunkt auf eine Ebene; diese Zentralprojektion identifiziert die Ebene mit einer Hemisphäre, und sie überführt Großkreise in Geraden. Auf diese Weise konstruieren wir eine projektive Riemann'sche Metrik in der Ebene. Diese Metrik hat eine konstante positive Krümmung.

Eine Modifikation dieses Beispiels führt auf die hyperbolische Metrik, deren Entdeckung eine der großen Errungenschaften der Mathematik des 19. Jahrhunderts war. Wir betrachten einen dreidimensionalen Raum mit der Lorentz-Metrik $dx^2 + dy^2 - dz^2$. Die Rolle der Einheitssphäre übernimmt in dieser Geometrie H, also die obere Schale des Hyperboloids $z^2 - x^2 - y^2 = 1$. Die auf H induzierte Metrik ist eine

[2] Ein anderes Resultat von Fáry, der Satz von Fáry und Milnor, ist bekannter: Die totale Krümmung eines Knotens im dreidimensionalen Raum ist größer als 4π.

Riemann'sche Metrik mit konstanter negativer Krümmung. Ihre Geodäten sind die Schnittkurven mit der Ebene durch den Ursprung (wie im Fall von S^2).

Wir betrachten die Zentralprojektion vom Ursprung von H auf die Ebene $z = 1$. Das Hyperboloid wird auf die Einheitsscheibe projiziert, und die Geodäten werden zu Geraden. Wir erhalten eine projektive Riemann'sche Metrik auf der Einheitsscheibe; diese Metrik hat eine konstante negative Krümmung. Dies ist das *Klein-Beltrami-Modell* der hyperbolischen Geometrie (vgl. Cannon et al. [28] für einen Übersichtsartikel über hyperbolische Geometrie).

Der Abstand zwischen zwei Punkten ist im Klein-Beltrami-Modell durch die Gleichung

$$d(x,y) = \frac{1}{2}\ln[a,x,y,b] \tag{3.10}$$

gegeben. Dabei sind a und b die Schnittpunkte der Geraden xy mit dem Randkreis (vgl. Abb. 3.5), und $[a,x,y,b]$ ist das Doppelverhältnis von vier Punkten mit der Definition

$$[a,x,y,b] = \frac{(a-y)(x-b)}{(a-x)(y-b)}.$$

Die Isometrien sind in dieser Geometrie projektive Transformationen der Ebene, die die Einheitsscheibe erhalten.

Übung 3.9 **a)** Vertauschen Sie die Punkte a,x,y,b in allen Varianten. Wie viele verschiedene Werte für das Doppelverhältnis gibt es?
b) Sei f eine gebrochen lineare (oder projektive) Transformation:

$$f(t) = \frac{ct+d}{gt+h}.$$

Beweisen Sie, dass $[a,x,y,b] = [f(a),f(x),f(y),f(b)]$ ist.

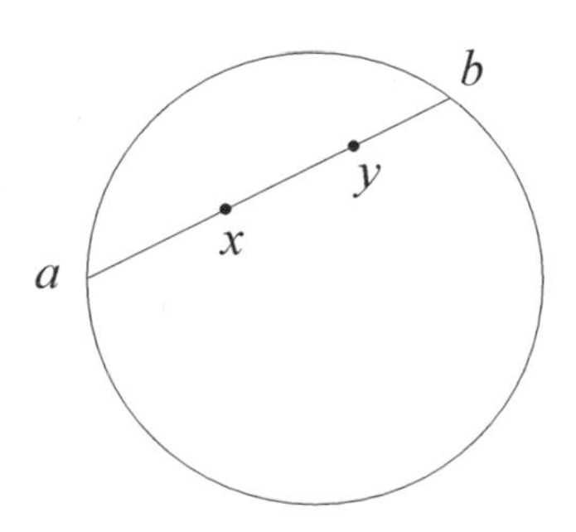

Abb. 3.5 Klein-Beltrami-Modell der hyperbolischen Ebene

Nach einem Satz von Beltrami sind diese drei Geometrien mit verschwindender, positiver und negativer konstanter Krümmung die einzigen Beispiele für projektive Riemann'sche Metriken. Als er dieses Problem stellte, hatte Hilbert allerdings zwei andere Beispiele im Kopf, die wir inzwischen gut verstehen. Das erste Beispiel ist die Minkowski-Geometrie, die wir in Kapitel 1 kurz erwähnt haben. Das zweite Beispiel wurde im Jahr 1894 von Hilbert selbst entdeckt, nämlich die nach ihm benannte Hilbert-Metrik. Die Hilbert-Metrik ist eine Verallgemeinerung des Klein-Beltrami-Modells, bei der die Einheitssphäre durch ein beliebiges konvexes Gebiet ersetzt wird. Der Abstand ist durch dieselbe Gleichung (3.10) gegeben, diese Finsler-Metrik ist jedoch keine Riemann'sche Metrik mehr (außer für den Fall, dass der Rand eine Ellipse ist).

Übung 3.10 Prüfen Sie die Dreiecksungleichung in der Hilbert-Metrik.

Bevor wir zur Lösung von Hilberts viertem Problem kommen, wollen wir noch eine letzte Vorbemerkung machen. Wir können eine Finsler-Metrik in der Tradition der Physik durch eine Lagrange-Funktion $L(x,v)$ auf Tangentialvektoren beschreiben, die die Finsler-Länge eines Vektors v mit dem Fußpunkt x liefert. Zu einem gegebenen Geschwindigkeitsvektor v in einem Punkt x ist der Wert der Lagrange-Funktion $L(x,v)$ demnach der Betrag des Vektors v in Einheiten der Lichtgeschwindigkeit, also das Verhältnis aus v und der Lichtgeschwindigkeit an diesem Punkt und in dieser Richtung. Wir nehmen an, dass L für alle $v \neq 0$ positiv ist und homogen vom Grad 1: $L(x,tv) = |t|L(x,v)$ für alle reellen Zahlen t.

Die Indikatrix im Punkt x besteht aus den Geschwindigkeitsvektoren v, die die Gleichung $L(x,v) = 1$ erfüllen, sie ist also die Einheitshöhenlinie der Funktion $L(x,\cdot)$. Zum Beispiel beschreibt $L(x,v) = |v|$ die euklidische Metrik. In der Minkowski-Geometrie hängt L nicht von x ab. Die Finsler-Länge einer glatten Kurve $\gamma\colon [a,b] \to M$ ist

$$\mathscr{L} = \int_a^b L(\gamma(t),\gamma'(t))\,dt\,.$$

Aufgrund der Homogenität von L hängt das Integral nicht von der Parametrisierung ab.

Übung 3.11 Berechnen Sie die Lagrange-Funktionen für die projektiven Metriken mit positiver und negativer konstanter Krümmung in der Ebene.

Die Lösung von Hilberts viertem Problem stützt sich auf die Crofton-Formel (3.3). Sei $f(p,\varphi)$ eine positive stetige Funktion auf dem Raum der orientierten Geraden, die bezüglich einer Umkehrung der Orientierung einer Geraden gerade ist. Das bedeutet $f(-p,\varphi+\pi) = f(p,\varphi)$. Dann erhalten wir eine neue Flächenform $\Omega_f = f(p,\varphi)\,d\varphi \wedge dp$.

Satz 3.4 *Die Gleichung*

$$\text{Länge}\,(\gamma) = \frac{1}{4}\int\int n_\gamma(\varphi, p) f(p, \varphi)\, d\varphi\, dp \tag{3.11}$$

definiert eine projektive Finsler-Metrik. Mit anderen Worten: Wir ersetzen Ω in der Crofton-Formel (3.3) durch Ω_f.

Beweis. Um zu beweisen, dass die Geodäten Geraden sind, müssen wir die Dreiecksungleichung prüfen: Die Summe der Längen zweier Seiten eines Dreiecks ist größer als die Länge der dritten Seite. Das gilt, weil jede Gerade, die die dritte Seite schneidet, auch die erste oder zweite Seite schneidet. □

Wenden wir (3.11) auf ein infinitesimales Flächensegment an, so erhalten wir die Lagrange-Funktion der zugehörigen Finsler-Metrik. Seien (x_1, x_2) kartesische Koordinaten in der Ebene, und seien (v_1, v_2) die Koordinaten des Tangentialvektors. Dann gilt:

$$L(x_1, x_2, v_1, v_2) = \frac{1}{4}\int_0^{2\pi} |v_1 \cos\alpha + v_2 \sin\alpha|\ f(x_1 \cos\alpha + x_2 \sin\alpha, \alpha)\, d\alpha\,.$$

Übung 3.12 Beweisen Sie die letzte Gleichung.

Tatsächlich lässt sich jede projektive Finsler-Metrik wie in Satz 3.4 beschreiben. Das bedeutet, dass es in jeder projektiven Finsler-Geometrie eine Version der Crofton-Formel gibt.

Die folgende Übung beschreibt ein Resultat von Hamel, der ein Student von Hilbert war. Er fand es 1901, kurz nachdem Hilbert seinen Vortrag gehalten hatte.

Übung 3.13 Eine Lagrange-Funktion $L(x_1, x_2, v_1, v_2)$ definiert eine projektive Finsler-Metrik, deren Geodäten genau dann Geraden sind, wenn gilt:

$$\frac{\partial^2 L}{\partial x_1 \partial v_2} = \frac{\partial^2 L}{\partial x_2 \partial v_1}\,.$$

Anmerkung 2 Eine „magnetische" Version von Hilberts viertem Problem wird in Tabachnikov [114] betrachtet. Dort werden Finsler-Metriken in der Ebene so beschrieben, dass ihre Geodäten Kreise mit einem festen Radius sind. Es stellt sich heraus, dass es eine Fülle von „exotischen" Finsler-Metriken mit dieser Eigenschaft gibt. ♣

Wir wollen nun den *Phasenraum* der *Billardkugelabbildung* und den Raum der orientierten Geraden im mehrdimensionalen Fall diskutieren.

Sei Q eine glatte Hyperfläche im euklidischen Raum. Wir identifizieren den Tangentialvektor und den Kotangentialvektor an Q durch die euklidische Struktur;

und wir wollen, wenn angemessen, nicht zwischen TQ und T^*Q unterscheiden. Eine Wahl der lokalen Koordinaten q_i in Q liefert die lokalen Koordinaten $p_i = dq_i$ im Vektorraum T_qQ und daher die lokalen Koordinaten (q,p) im Kotangentialbündel T^*Q.[3] Wir werden die Vektorschreibweise verwenden: Für $x,y \in \mathbf{R}$ gilt:

$$xy = x_1y_1 + dots + x_ny_n, \quad x\,dy = x_1\,dy_1 + dots + x_n\,dy_n\,,$$
$$dx \wedge dy = dx_1 \wedge dy_1 + dots + dx_n \wedge dy_n, \quad \text{usw.}$$

Das Kotangentialbündel T^*Q trägt eine kanonische 1-Form λ, die sogenannte *Liouville-* oder *tautologische Form*. Die Projektion $T^*Q \to Q$ wollen wir mit π bezeichnen. Sei ξ der Tangentialvektor an T^*Q im Punkt (q,p). Dann ist $v := d\pi(\xi)$ ein Tangentialvektor an Q im Punkt q, und wir definieren die Liouville-Form durch die Gleichung:

$$\lambda(\xi) = p(v)\,. \tag{3.12}$$

Übung 3.14 Zeigen Sie, dass die Liouville-Form in lokalen Koordinaten durch den Ausdruck $p\,dq$ gegeben ist.

Das Differential $d\lambda = \omega$ ist eine Differentialform vom Grad 2 auf T^*Q. Nach Übung 3.14 lässt sich diese 2-Form in lokalen Koordinaten als $dp \wedge dq$ schreiben. Daher ist sie nicht entartet. Eine nicht entartete Differentialform vom Grad 2 heißt *symplektische Form* oder *symplektische Struktur*. Somit trägt das Kotangentialbündel einer glatten Mannigfaltigkeit eine kanonische symplektische Struktur. Bedenken Sie, dass diese Struktur nicht von der Metrik oder irgendeiner anderen zusätzlichen Struktur auf der Mannigfaltigkeit abhängt.

Eine symplektische Struktur bestimmt auf einer glatten Mannigfaltigkeit eine nicht entartete, schiefsymmetrische Bilinearform auf jedem Tangentialraum. Eine solche Form kann nur auf einen Raum mit einer geraden Dimension existieren. Folglich hat eine symplektische Mannigfaltigkeit immer eine gerade Dimension. Eine symplektische Struktur ω auf einer Mannigfaltigkeit M^{2n} führt auf eine Volumenform ω^n. Somit hat eine symplektische Mannigfaltigkeit eine kanonische Volumenform und demzufolge ein Maß.

Wir betrachten ein Gebiet $G \subset \mathbf{R}^n$, also einen Billardtisch, mit dem glatten Rand Q^{n-1}. Wie vorhin besteht der Phasenraum M der Billardkugelabbildung aus den nach innen gerichteten Tangentialvektoren (q,v) mit dem Fußpunkt $q \in Q$. Sei $\bar{v}$ die orthogonale Projektion von v auf die Tangentialhyperebene T_qQ. Diese Projektion identifiziert M mit dem Raum der (Ko-)Tangentialvektoren an Q, deren Betrag 1 nicht übersteigt. Sei ω die symplektische Struktur und λ die auf M zurückgezogene Liouville-Form vom Grad 1 auf T^*Q.

[3] In der Physik nennt man die Kovektoren p Impulse.

Nach wie vor gilt Satz 3.1. Der Beweis ergibt sich aus der Gleichung $T^*(\lambda) - \lambda = df$. Darin ist f die Länge der freien Bahn der Billardkugel. Diese Gleichung wird analog zu Satz 3.1 bewiesen. Es existiert ein Analogon zu Korollar 3.2: Die mittlere freie Weglänge auf dem Billardtisch ist

$$C\frac{\text{Volumen}(G)}{\text{Flächeninhalt}(Q)}.$$

Die Konstante C hängt dabei nur von der Dimension n ab und ist gleich dem Verhältnis aus dem Flächeninhalt der Einheitssphäre S^{n-1} und dem Volumen der Einheitskugel B^{n-1}.

Die Hauptrolle spielt wieder der Raum N der orientierten Geraden im $\mathbf{R}^n$. Wie vorhin wird eine Gerade durch ihren Einheitsvektor q und den Normalenvektor p vom Ursprung zur Geraden charakterisiert. Wir können uns q als einen Punkt auf der Einheitssphäre S^{n-1} vorstellen, und p als einen (Ko-)Tangentialvektor an S^{n-1} im Punkt q. Folglich identifizieren wir N mit T^*S^{n-1}. Sei $\Omega = dp \wedge dq$ die kanonische symplektische Struktur (deren Spezialfall die Flächenform auf dem Raum der Geraden in der Ebene ist).

Auch Lemma 3.2 gilt unverändert. Somit ist die Billardkugelabbildung für konvexe Billardtische G eine symplektische Transformation des Raumes der orientierten Geraden, die G schneiden.

Wir haben hier die symplektische Geometrie nur oberflächlich gestreift (vgl. [3, 7, 15, 67] für genauere Darstellungen). Anhand der folgenden Übung können Sie einen tieferen Einblick in dieses wichtige Thema gewinnen.

Übung 3.15 **a)** Sei (M^{2n}, ω) eine symplektische Mannigfaltigkeit, und sei $L \subset M$ eine Untermannigfaltigkeit. Nehmen Sie an, dass die Einschränkung von ω auf L verschwindet. Beweisen Sie $dimL \leq n$. Im Fall $dimL = n$ heißt L *Lagrange-Untermannigfaltigkeit.*

b) Sei Q eine glatte orientierte Hyperfläche im $\mathbf{R}^n$, und sei L die Menge der orientierten Geraden, die orthogonal zu Q sind. Beweisen Sie, dass $L \subset N$ eine Lagrange-Untermannigfaltigkeit ist.

3.2 Exkurs: Symplektische Reduktion.

Die Konstruktion, mit deren Hilfe wir die symplektische Struktur auf dem Raum der orientierten Geraden aus der symplektischen Struktur auf dem Kotangentialbündel des umgebenden Raumes herleiten, heißt *symplektische Reduktion*. Das ist eine sehr allgemeine und einfache Konstruktion, und wir wollen sie hier beschreiben.

Sei (M^{2n}, ω) eine symplektische Mannigfaltigkeit, und sei $S \subset M$ eine Hyperfläche. Da die Dimension von S ungerade ist, muss die Einschränkung von ω auf S entartet sein. Diese Einschränkung hat einen eindimensionalen Kern, und S ist durch Kurven geblättert, die die Richtungen dieser Kerne haben. Das nennt man die *charakteristische Blätterung* der Hyperfläche S.

Wir nehmen an, dass der Raum der charakteristischen Kurven selbst eine glatte Mannigfaltigkeit ist, sagen wir N (lokal ist dies immer der Fall). Die symplektische Form ω geht von M auf N zu einer neuen geschlossenen 2-Form Ω über, die nicht entartet ist, weil der Kern der Einschränkung von ω auf S ausfaktorisiert ist. Dies ist eine symplektische Reduktion von ω.

In dem vorliegenden Fall starten wir mit einem Kotangentialbündel $M = T^*\mathbf{R}^n$ und seiner symplektischen Struktur ω. Seien (x, y) die Koordinaten in $T^*\mathbf{R}^n$ (anstelle der Koordinaten (q, p), die wir im Raum der Geraden verwenden), sodass $\omega = dx \wedge dy$ gilt. Die Hyperfläche S besteht aus den Einheitsvektoren (Einheitskovektoren) $|y|^2 = 1$. Folglich verschwindet die 1-Form $y\, dy$ auf S.

Sei der Einheitstangentialvektor (x, y) gegeben. Die zugehörige geradlinige Bewegung wird durch das Vektorfeld $y\partial x$ beschrieben. Sei ξ ein beliebiger Testtangentialvektor an S; es gilt

$$(dx \wedge dy)(y\, \partial x, \xi) = (yfy)(\xi) = 0,$$

weil $y\, dy$ auf S gleich 0 ist. Deshalb hat das Vektorfeld $y\partial y$ die charakteristische Richtung. Daraus schließen wir, dass die charakteristischen Kurven auf S aus den Einheitstangentialvektoren (x, y) bestehen, wobei der Fußpunkt auf einer Geraden liegt und y tangential zu dieser Geraden ist. Somit ist der Quotientenraum N der Raum der orientierten Geraden.

Um die symplektische Struktur Ω zu beschreiben, also das Ergebnis der symplektischen Reduktion, betten wir N in M ein, indem wir einer Gerade ihren nächsten Punkt zum Ursprung zuordnen; in Gleichungen bedeutet das $x = p, y = q$. Aus der Form $dx \wedge dy$ wird dann $dp \wedge dq$, das ist einfach die kanonische symplektische Form auf dem Raum der orientierten Geraden im $\mathbf{R}^n$.

Die symplektische Reduktion lässt sich insbesondere auf die Finsler-Metriken anwenden. Aus einer solchen Metrik erhalten wir eine symplektische Form auf dem Raum der orientierten Geraden. Im Exkurs 3.1 haben wir diskutiert, wie man eine projektive Finsler-Metrik aus einer symplektischen Form konstruiert. Die symplektische Reduktion stellt eine Verbindung in umgekehrter Richtung her und gewinnt dabei die Flächenform auf den Raum der Geraden aus der Metrik.

► **Beispiel 3.1** Die Einheitssphäre liefert ein gutes Beispiel für dic Flächenform auf dem Raum der orientierten Geodäten. Eine orientierte Geodäte auf dem S^2 ist ein Großkreis; zwischen den orientierten Großkreisen und den Punkten auf der Sphäre besteht eine eineindeutige Zuordnung: Das ist die Pole-Äquator-Zuordnung (vgl. Abb. 9.3 auf Seite 138). Somit ist der Raum der orientierten Geodäten der S^2 selbst, und die Flächenform auf dem Raum der Geodäten wird mit der Standardflächenform auf der Einheitssphäre identifiziert.

Eine ähnliche Konstruktion lässt sich auf die hyperbolische Ebene anwenden. Eine orientierte Geodäte auf dem Hyperboloid $z^2 - x^2 - y^2 = 1$ ist seine Schnittmenge mit einer orientierten Ebene durch den Ursprung. Das orthogonale Komplement zur Ebene bezüglich der quadratischen Form der Lorentz-Metrik ist eine orientierte Gerade. Die positive Halbachse schneidet das einschalige Hyperboloid in einem eindeutigen Punkt. Somit identifizieren wir den Raum der orientierten Geodäten auf H^2 mit dem einschaligen Hyperboloid, und die Standardflächenform auf dem Raum der orientierten Geodäten identifizieren wir mit der Standardflächenform auf diesem Hyperboloid. Den fleißigen Leser möchten wir dazu ermuntern, die Rechnungen hinter diesen Behauptungen tatsächlich auszuführen. ♣

Kapitel 4
Billard in Kegelschnitten und Quadriken

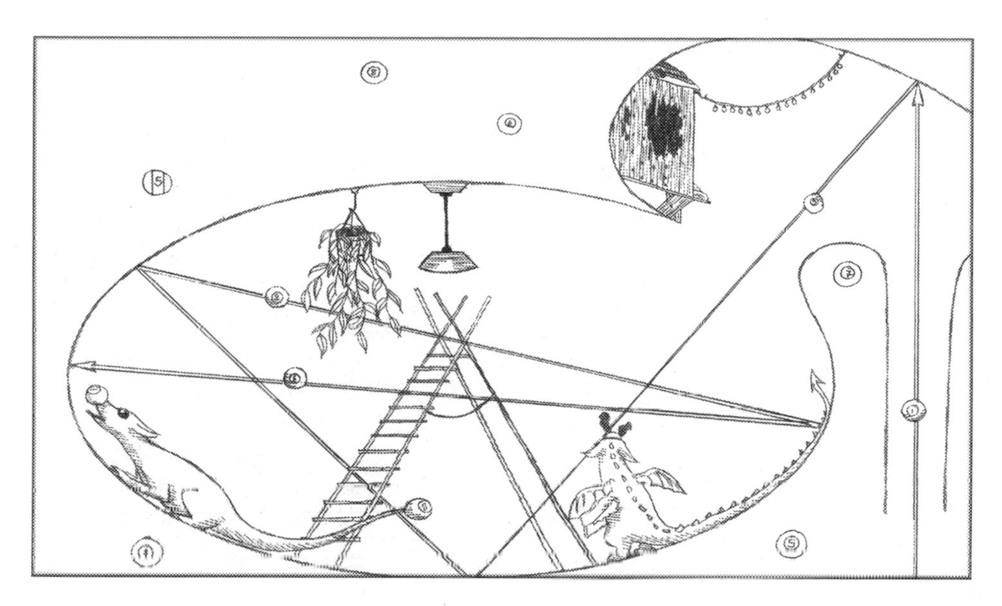

Der Stoff, um den es in diesem Kapitel geht, umfasst Erkenntnisse aus rund 2000 Jahren: Die optischen Eigenschaften von Kegelschnitten waren bereits den alten Griechen bekannt, während die vollständige Integrabilität des geodätischen Flusses auf dem Ellipsoid eine Entdeckung der Mathematik des 19. Jahrhunderts ist (Jacobi zeigte sie für ein triaxiales Ellipsoid).

Rufen wir uns die Definition einer Ellipse ins Gedächtnis: Eine Ellipse ist die Ortslinie der Punkte, für die die Summe der Abstände zu zwei gegebenen Punkten gleich ist; diese beiden Punkte heißen Brennpunkte. Wir können eine Ellipse mithilfe eines Fadens konstruieren, der an den Brennpunkten befestigt ist – eine Methode, die von Schreinern und Gärtnern tatsächlich verwendet wird (vgl. Abb. 4.1). Eine

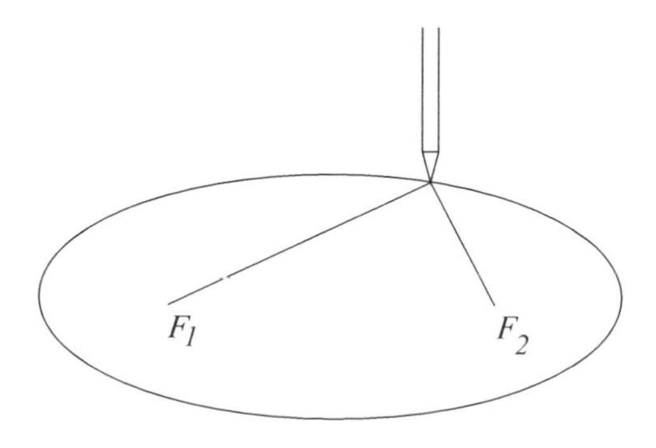

Abb. 4.1 Gärtnerkonstruktion einer Ellipse

Hyperbel wird ähnlich definiert, nur dass die Summe der Abstände durch den Betrag ihrer Differenz ersetzt wird. Eine Parabel ist die Menge der Punkte, deren Abstand zu einem gegebenen Punkt (dem Brennpunkt) gleich dem Abstand zu einer gegebenen Geraden (der Leitgeraden) ist. Ellipsen, Hyperbeln und Parabeln haben in kartesischen Koordinaten allesamt Gleichungen zweiter Ordnung.

Übung 4.1 Betrachten Sie eine Ellipse mit den Brennpunkten $(-c,0)$ und $(c,0)$. Die Länge des Fadens sei $2L$. Zeigen Sie, dass die Gleichung der Ellipse folgendermaßen lautet:

$$\frac{x_1^2}{L^2}+\frac{x_2^2}{L^2-c^2}=1\,. \tag{4.1}$$

Als unmittelbare Konsequenz ergibt sich die folgende optische Eigenschaft von Kegelschnitten.

Lemma 4.1 *Ein Lichtstrahl durch einen Brennpunkt einer Ellipse wird so reflektiert, dass der reflektierte Strahl durch den anderen Brennpunkt verläuft. Ein Lichtstrahl durch den Brennpunkt einer Parabel wird in einen Lichtstrahl reflektiert, der parallel zur Symmetrieachse der Parabel verläuft.*

Es sei Ihnen überlassen, eine ähnliche optische Eigenschaft für Hyperbeln zu formulieren.

Beweis. Die Ellipse aus Abb. 4.1 ist eine Niveaulinie der Funktion $f(X)=|XF_1|+|XF_2|$; deshalb ist der Gradient von f orthogonal zur Ellipse. Wie in Kapitel 1 ist $\nabla f(X)$ die Summe zweier Einheitsvektoren in den Richtungen F_1X und F_2X. Daraus folgt, dass die Abschnitte F_1X und F_2X gleiche Winkel mit der Ellipse einschließen.

Das Argument für eine Parabel ist ähnlich. Den Beweis überlassen wir Ihnen. □

Übung 4.2 Beweisen Sie, dass die Billardbahn durch die Brennpunkte einer Ellipse gegen ihre Hauptachse konvergiert.

Wir geben nun eine Anwendung der optischen Eigenschaften von Kegelschnitten: Die Konstruktion einer Falle für einen Lichtstrahl. Unter einer Falle verstehen wir eine Kurve, in der parallel einfallende Lichtstrahlen so reflektiert werden, dass sie dauerhaft gefangen sind. Es gibt etliche solcher Konstruktionen; die Konstruktion aus Abb. 4.2 stammt von Peirone [81].

Die Kurve γ ist ein Teil einer Ellipse mit den Brennpunkten F_1 und F_2; die Kurve Γ ist eine Parabel mit dem Brennpunkt F_2. Diese Kurven werden durch eine glatte Kurve so verbunden, dass sie eine Falle bilden: Aus Lemma 4.1 und Übung 4.2 ergibt sich, dass ein vertikal durch ein Fenster in die Falle eintretender Lichtstrahl gegen die Hauptachse der Ellipse konvergiert und daher die Falle nie verlassen wird.

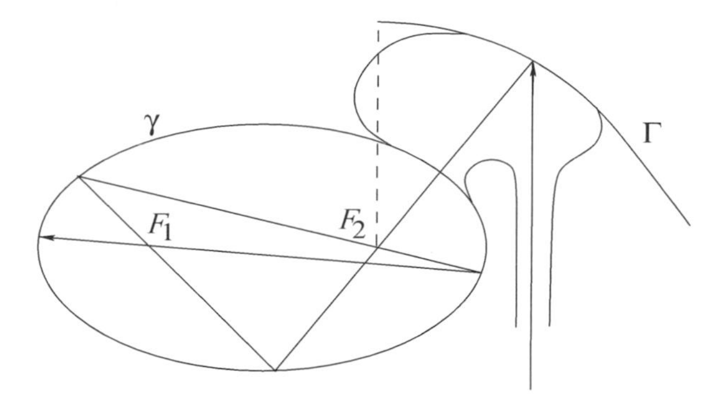

Abb. 4.2 Eine Falle für einen Lichtstrahl

Die nächste Frage gibt einen Vorgeschmack auf Kapitel 7: Kann man eine kompakte Falle für eine Menge von Strahlen konstruieren, die einem vorgegebenen Strahl hinreichend nahe kommen, die also nur kleine Winkel mit dem vorgegebenen Strahl bilden? In Exkurs 7.1 auf Seite 107 beantworten wir diese Frage.

Bei der Konstruktion einer Ellipse mit gegebenen Brennpunkten gibt es einen Parameter, nämlich die Länge des Fadens. Die Schar von Kegelschnitten mit vorgegebenen Brennpunkten heißt *konfokal*. Die Gleichung einer konfokalen Schar, die Ellipsen und Hyperbeln einschließt, lautet

$$\frac{x_1^2}{a_1^2+\lambda}+\frac{x_2^2}{a_2^2+\lambda}=1\,. \tag{4.2}$$

Der Parameter ist λ. Vergleichen Sie (4.1) mit (4.2), wo die Differenz der Nenner ebenfalls konstant ist.

Wir halten die Brennpunkte F_1 und F_2 fest. Zu einem gegebenem Punkt X in der Ebene existiert dann eine eindeutige Ellipse und eine eindeutige Hyperbel mit den Brennpunkten F_1 und F_2 durch den Punkt X (vgl. Abb. 4.3 auf der nächsten Seite). Die Ellipse und die Hyperbel sind zueinander orthogonal: Dies ergibt sich aus der Tatsache, dass die Summe zweier Einheitsvektoren senkrecht auf ihrer Differenz steht (vgl. Beweis von Lemma 4.1). Die beiden entsprechenden Werte von λ in Gleichung (4.2) sind die *elliptischen Koordinaten* des Punktes X.

Der nächste Satz besagt, dass die Billardkugelabbildung T in einer Ellipse *integrabel* ist. Das bedeutet, dass es eine glatte Funktion auf dem Phasenraum gibt, das sogenannte Integral, das unter T invariant ist. Diese Eigenschaft werden wir auf zwei Wegen beschreiben, nämlich geometrisch und analytisch. Dazu betrachten wir eine Ellipse

$$\frac{x_1^2}{a_1^2}+\frac{x_2^2}{a_2^2}=1$$

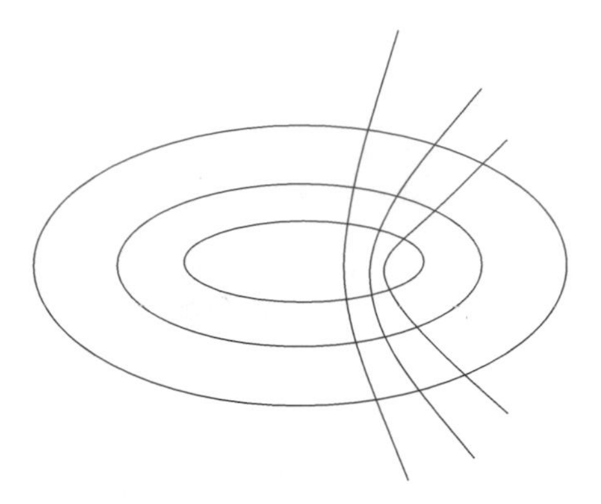

Abb. 4.3 Elliptische Koordinaten in der Ebene

mit den Brennpunkten F_1 und F_2. Der Phasenraum der Billardkugelabbildung besteht aus den Einheitsvektoren (x,v), deren Fußpunkt auf der Ellipse liegt mit nach innen gerichtetem v.

Satz 4.1 *1) Eine Billardbahn im Innern einer Ellipse bleibt dauerhaft zu einem festen konfokalen Kegelschnitt tangential. Mit anderen Worten: Schneidet ein Abschnitt einer Billardbahn den Abschnitt F_1F_2 nicht, so gilt das für alle Abschnitte dieser Bahn. Und alle Abschnitte dieser Bahn sind zu derselben Ellipse mit den Brennpunkten F_1 und F_2 tangential. Schneidet dagegen ein Abschnitt einer Bahn den Abschnitt F_1F_2, so schneiden alle Abschnitte dieser Bahn F_1F_2, und alle Abschnitte sind tangential an dieselbe Hyperbel mit den Brennpunkten F_1 und F_2.*
2) Die Funktion

$$\frac{x_1v_1}{a_1^2}+\frac{x_2v_2}{a_2^2} \tag{4.3}$$

ist ein Integral der Billardkugelabbildung.

Beweis. Wir geben einen elementaren geometrischen Beweis für 1) an. Seien A_0A_1 und A_1A_2 aufeinanderfolgende Abschnitte einer Billardbahn. Wir nehmen an, dass A_0A_1 den Abschnitt F_1F_2 nicht schneidet; der umgekehrte Fall wird analog behandelt. Aus der optischen Eigenschaft, Lemma 4.1, ergibt sich, dass die Winkel $A_0A_1F_1$ und $A_2A_1F_2$ gleich sind (vgl. Abb. 4.4 auf der nächsten Seite).

Wir reflektieren F_1 an A_0A_1 in F_1' und F_2 an A_1A_2 in F_2'. Wir setzen: $B=F_1'F_2\cap A_0A_1$, $C=F_2'F_1\cap A_1A_2$. Wir betrachten die Ellipse mit den Brennpunkten F_1 und F_2, die tangential zu A_0A_1 ist. Da die Winkel F_2BA_1 und F_1BA_0 gleich sind, berührt diese Ellipse A_0A_1 im Punkt B. Genauso berührt eine Ellipse mit den Brennpunkten F_1 und F_2 den Abschnitt A_1A_2 im Punkt C. Wir wollen zeigen, dass diese beiden Ellipsen zusammenfallen. Das ist äquivalent zu $F_1B+BF_2=F_1C+CF_2$, was auf $F_1'F_2=F_1F_2'$ hinausläuft.

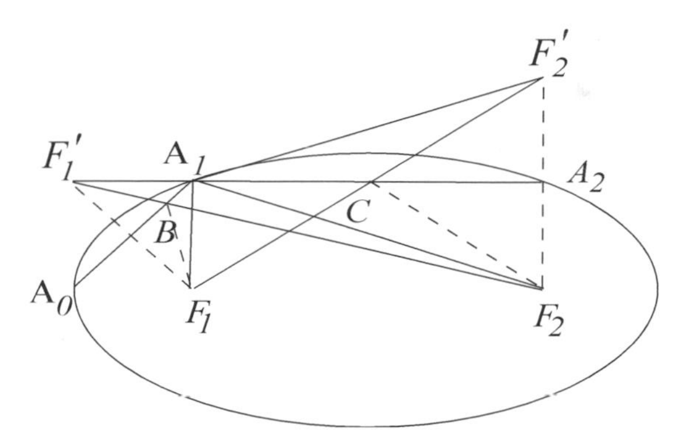

Abb. 4.4 Integrabilität des Billards in einer Ellipse

Bedenken Sie, dass die Dreiecke $F_1'A_1F_2$ und $F_1A_1F_2'$ kongruent sind; aufgrund der Symmetrie gilt tatsächlich $F_1'A_1 = F_1A_1$, $F_2A_1 = F_2'A_1$, und die Winkel $F_1'A_1F_2$ und $F_1A_1F_2'$ sind gleich. Folglich ist $F_1'F_2 = F_1F_2'$, und es ergibt sich die Behauptung.

Zum Beweis von 2) sei B die Diagonalmatrix mit den Einträgen $1/a_1^2$ und $1/a_2^2$. Dann lässt sich die Ellipse als $Bx \cdot x = 1$ schreiben. Sei (x, v) ein Phasenpunkt und $(x', v') = T(x, v)$ (vgl. Abb. 4.5). Wir behaupten, dass $Bx \cdot v = Bx' \cdot v'$ gilt.

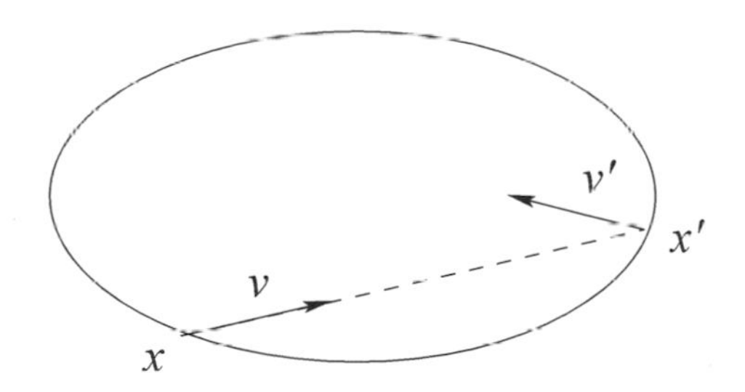

Abb. 4.5 Billardkugelabbildung

Nun betrachten wir die Reflexion im Punkt x'. Der Vektor Bx' ist der Gradient der Funktion $(Bx' \cdot x')/2$. Daher ist er orthogonal zur Ellipse. Der Vektor $v' + v$ ist tangential zur Ellipse, und folglich gilt $Bx' \cdot v = -Bx' \cdot v'$. Daraus ergibt sich $Bx \cdot v = Bx' \cdot v'$. □

Natürlich könnte man die Äquivalenz der beiden Behauptungen von Satz 4.1 direkt beweisen; aber damit wollen wir uns nicht aufhalten.

Eine *Kaustik*[1] eines ebenen Billards ist eine Kurve mit der Eigenschaft, dass eine Bahn, die tangential zur Kurve ist, nach jeder Reflexion tangential an die Kurve bleibt. Die Kaustiken des Billards in einer Ellipse sind konfokale Ellipsen und Hyperbeln.

---

[1] griechisch *brennend*

Das Phasenproträt des Billards in einer Ellipse zeigt Abb. 4.6. Der Phasenraum ist durch invariante Kurven der Billardkugelabbildung T geblättert. Jede Kurve steht für eine Schar von Strahlen, die zu einem festen konfokalen Kegelschnitt tangential sind; diese T-invarianten Kurven entsprechen den Kaustiken. Die ∞-förmige Kurve entspricht der Schar von Strahlen durch die Brennpunkte. Die beiden singulären Punkte dieser Kurve stehen für die Hauptachse mit zwei entgegengesetzten Orientierungen, also eine 2-periodische Billardbahn. Eine weitere 2-periodische Bahn ist die Nebenachse, die im Phasenportrait durch die beiden Mittelpunkte der Gebiete im Innern der ∞-förmigen Kurve repräsentiert wird. Vergleichen Sie dazu das viel einfachere Phasenportrait des Billards in einem Kreis.

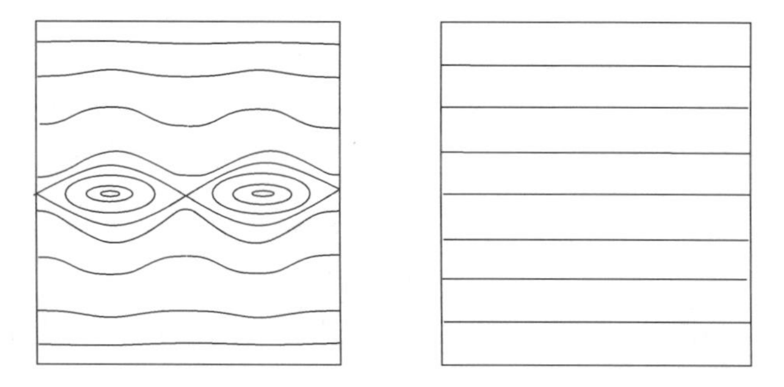

Abb. 4.6 Phasenportraits der Billards in einer Ellipse und in einem Kreis

Wir wollen erwähnen, dass auch die Billards in konfokalen Kegelschnitten integrabel sind. Ein Beispiel ist das Gebiet zwischen zwei konfokalen Ellipsen.

Wir wollen Satz 4.1 auf das Beleuchtungsproblem anwenden. Dazu betrachten wir ein ebenes Gebiet mit reflektierendem Rand: Kann man dieses Gebiet mit einer Punktlichtquelle vollständig beleuchten, von der in alle Richtungen Lichtstrahlen ausgehen?

Ein Beispiel für ein Gebiet, das von keiner Stelle aus vollständig beleuchtet werden kann, zeigt Abb. 4.7 auf der nächsten Seite.[2] Die Konstruktion stammt von L. und R. Penrose. Die oberen und unteren Kurven sind Halbellipsen mit den Brennpunkten F_1, F_2 und G_1, G_2. Da ein Strahl, der zwischen den Brennpunkten hindurchgeht, wieder zwischen die Brennpunkte reflektiert wird, kann kein Strahl in die vier „Ohrläppchen" eindringen, und umgekehrt. Befindet sich die Lichtquelle also oberhalb von G_1G_2, so werden die unteren Ohrläppchen nicht beleuchtet; und befindet sie sich unterhalb von F_1F_2, gilt dasselbe für die oberen Ohrläppchen.

Nun wollen wir auf die Integrabilität der Billardkugelabbildung T in einer Ellipse zurückkommen (vgl. Abb. 4.6). Aus der Eigenschaft der Flächentreue von T ergibt sich, dass wir Koordinaten auf den invarianten Kurven so wählen können, dass die

[2] Anders als in der geometrischen Optik kann in der Wellenoptik ein Gebiet mit einem glatten Rand von jedem Punkt aus vollständig beleuchtet werden.

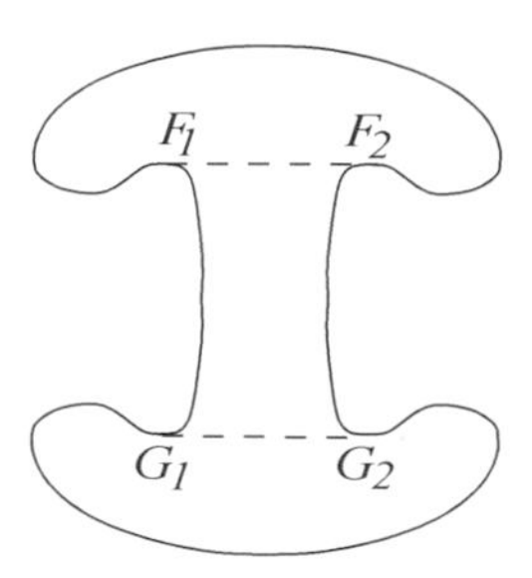

Abb. 4.7 Beleuchtungsproblem

Abbildung T einfach zu einer Parallelverschiebung wird: $x \mapsto x+c$. Wir beschreiben nun diese wichtige Konstruktion.

Sei M eine Fläche mit einer Flächenform ω, die durch glatte Kurven glatt geblättert ist. Auf den Blättern dieser Blätterung definieren wir eine *affine Struktur*. Damit ist gemeint, dass jedes Blatt über ein kanonisches Koordinatensystem verfügt, das bis auf eine affine Umparametrisierung definiert ist: $x \mapsto ax+b$.

Wir wählen eine Funktion f, deren Niveaulinien die Blätter der Blätterung sind. Sei γ eine Kurve $f=c$. Wir betrachten die Kurve γ_ε mit $f=c+\varepsilon$. Für ein gegebenes Intervall $I \subset \gamma$ betrachten wir den Flächeninhalt $A(I,\varepsilon)$ zwischen γ und γ_ε über I. Die „Länge" von I definieren wir folgendermaßen:

$$\lim_{\varepsilon \to 0} \frac{A(I,\varepsilon)}{\varepsilon}.$$

Wählen wir eine andere Funktion f, so wird die Länge jedes Abschnittes mit demselben Faktor multipliziert. Wir wählen eine Koordinate x. Damit ist das Längenelement dx. Diese Koordinate ist bis auf eine affine Transformation wohldefiniert.

Handelt es sich bei den Blättern der Blätterung um geschlossene Kurven, so kann man annehmen, dass sie eine Einheitslänge haben. Die Koordinate x variiert dann auf jedem Blatt auf dem Kreis $S^1 = \mathbf{R}/\mathbf{Z}$ und ist bis auf eine Parallelverschiebung $x \mapsto x+c$ definiert.

Nehmen wir nun an, dass eine glatte Abbildung $T: M \to M$ die Flächenform ω und die Blätterung blattweise erhält. Eine solche Abbildung heißt *integrabel*. Die Abbildung T erhält dann die affine Struktur und ist selbst durch die Gleichung $T(x) = ax+b$ gegeben. Für geschlossene Blätter ist T eine Parallelverschiebung auf der entsprechenden Koordinate.

Korollar 4.1 *Sei T eine integrable flächentreue Abbildung einer Fläche. Die invarianten Kurven seien geschlossen. Enthält eine invariante Kurve γ einen k-periodischen Punkt, so ist jeder Punkt der Kurve k-periodisch.*

Beweis. In einer affinen Koordinate gilt $T(x) = x+c$. Ist $T^k(x) = x$, so muss $kc \in \mathbf{Z}$ gelten, und deshalb ist $T^k = \text{id}$. □

Nehmen wir an, dass zwei Abbildungen T_1 und T_2 eine Flächenform und eine Blätterung mit geschlossenen Blättern blattweise erhalten. Dann sind T_1 und T_2 Parallelverschiebungen in demselben affinen Koordinatensystem auf jedem Blatt. Da wir Parallelverschiebungen vertauschen können, gilt: $T_1T_2 = T_2T_1$. Diese Beobachtung wenden wir nun auf das Billard in Ellipsen an. Daraus ergibt sich das nachfolgende Korollar.

Korollar 4.2 *Wir betrachten zwei konfokale Ellipsen. Die Abbildungen T_1 und T_2 seien Billardkugelabbildungen, die auf orientierten Geraden definiert sind, die beide Ellipsen schneiden. Dann vertauschen (kommutieren) die Abbildungen T_1 und T_2.*

Als Spezialfall wollen wir die Strahlen durch die Brennpunkte betrachten. Aus Korollar 4.2 ergibt sich der folgende „elementarste Satz der euklidischen Geometrie“ von M. Urquhart.[3] Es ist genau dann $AB+BF = AD+DF$, wenn $AC+CF = AE+EF$ gilt (vgl. Abb. 4.8).

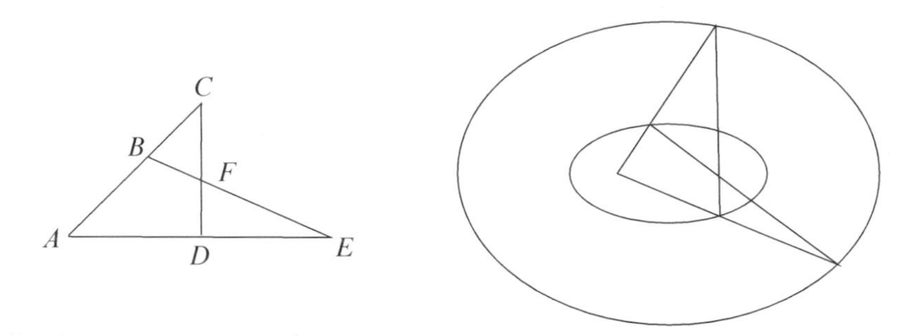

Abb. 4.8 Der elementarste Satz der euklidischen Geometrie

An dieser Stelle laden wir Sie ein, einen elementaren Beweis für diesen Satz zu finden.

4.1 **Exkurs: Der Schließungssatz von Poncelet.** Die von Satz 4.1 auf Seite 52 beschriebene Integrabilität der Billardkugelabbildung in einer Ellipse hat eine interessante Konsequenz.

Dazu betrachten wir zwei konfokale Ellipsen $\gamma \subset \Gamma$. Wir greifen einen Punkt $x \in \Gamma$ heraus und zeichnen eine Tangente an γ. Wir betrachten dann die Billardbahn, deren erster Abschnitt auf dieser Tangente liegt. Nach Satz 4.1 ist jeder Abschnitt dieser Bahn tangential zu γ. Diese Bahn sei n-periodisch, sie schließt sich also nach n Schritten. Nun wählen wir einen anderen Startpunkt $x_1 \in \Gamma$ und wiederholen diese Konstruktion. Aus Korollar 4.1 ergibt sich, dass sich die entsprechende Billardbahn ebenfalls nach n Schritten schließt. In der Tat ist die Schar der Geraden, die tangential an γ sind, eine invariante Kurve der Billardkugelabbildung in Γ.

[3] Den Satz entdeckte er, als er grundlegende Konzepte der speziellen Relativitätstheorie untersuchte.

In Wirklichkeit ist die Annahme, dass Γ und γ konfokal sind, für die Gültigkeit des Schließungssatzes überhaupt nicht notwendig. Es gilt der folgende Schließungssatz von Poncelet (vgl. Abb. 4.9).

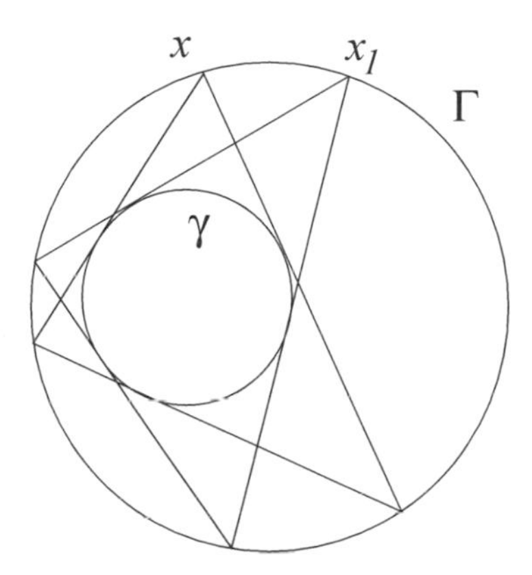

Abb. 4.9 Der Schließungssatz von Poncelet

Satz 4.2 *Seien $\gamma \subset \Gamma$ zwei verschachtelte Ellipsen, und sei $x \in \gamma$ eine Ecke eines n-gons, das der Ellipse Γ eingeschrieben und der Ellipse γ umschrieben ist. Dann ist jeder Punkt $x_1 \in \Gamma$ eine Ecke eines solchen n-gons.*

Diesen Satz können wir unter anderem beweisen, indem wir zeigen, dass sich jedes Paar verschachtelter Ellipsen durch eine projektive Transformation der Ebene aus einem paar konfokaler Ellipsen ergibt. Eine projektive Transformation überführt Geraden in Geraden und eine Poncelet-Konfiguration in eine andere. Wir geben hier einen anderen, direkteren Beweis an, und kommen dann in Kapitel 9 wieder auf den Schließungssatz von Poncelet zurück.

Beweis. Wir wählen eine Orientierung von γ. Zu einem gegebenen $x \in \Gamma$ legen wir die Tangente durch x an γ. Der Schnittpunkt dieser Tangente mit Γ sei y. Dadurch ergibt sich eine glatte Abbildung $T(x) = y$ von Γ auf sich selbst. Wir werden nun eine Koordinate auf Γ konstruieren, auf der die Abbildung T zu einer Parallelverschiebung $t \mapsto t + c$ wird.

Wir wenden eine affine Transformation an und nehmen an, dass Γ ein Kreis ist. Sei x ein Bogenlängenparameter auf Γ. Wir suchen nach einem T-invarianten Längenelement (einer 1-Differentialform) $f(x)\, dx$.

Die Längen der rechtsseitigen und linksseitigen Tangentenabschnitte vom Punkt x an die Kurve γ bezeichnen wir mit $R_\gamma(x)$ und $L_\gamma(x)$. Dann betrachten wir einen Punkt x_1, der infinitesimal nah am Punkt x liegt. Sei $O = xy \cap x_1y_1$, und sei ε der Winkel zwischen xy und x_1y_1. Vergegenwärtigen Sie sich, dass die Gerade x_1y_1

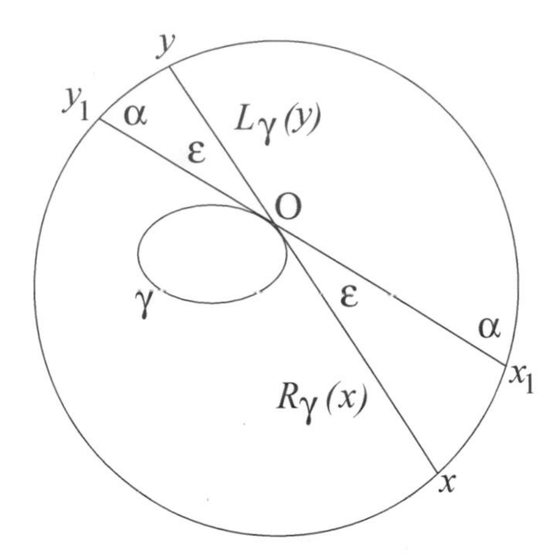

Abb. 4.10 Beweis des Schließungssatzes von Poncelet

gleiche Winkel mit dem Kreis Γ bildet. Diesen Winkel bezeichnen wir mit α (vgl. Abb. 4.10).[4] Nach dem Sinussatz gilt

$$\frac{|yy_1|}{L_\gamma(y)} = \frac{\sin\varepsilon}{\sin\alpha} = \frac{|xx_1|}{R_\gamma(x)}$$

oder

$$\frac{dy}{L_\gamma(y)} = \frac{dx}{R_\gamma(x)}. \tag{4.4}$$

Für den Moment nehmen wir an, dass auch γ ein Kreis ist. Dann sind die linksseitigen und rechtsseitigen Tangentenabschnitte gleich lang: $R_\gamma(x) = L_\gamma(x)$. Ihre Länge sei $D_\gamma(x)$. Aus (4.4) ergibt sich, dass die 1-Form $dx/D_\gamma(x)$ tatsächlich T-invariant ist.

Falls schließlich γ kein Kreis ist, wenden wir eine affine Transformation A an, die γ in einen Kreis überführt. Wir erhalten

$$\frac{R_\gamma(x)}{L_\gamma(y)} = \frac{R_{A\gamma}(Ax)}{L_{A\gamma}(Ay)} = \frac{D_{A\gamma}(Ax)}{D_{A\gamma}(Ay)}.$$

Mit $f(x) = 1/D_{A\gamma}(Ax)$ erhalten wir eine T-invariante 1-Form $f(x)\,dx$.

Nun müssen wir nur noch eine Koordinate t wählen, für die $f(x)\,dx = dt$ ist. Dann wird die Abbildung T zu einer Verschiebung $t \mapsto t + c$, und es folgt der Schließungssatz von Poncelet. □

[4] Was folgt, ist im Wesentlichen das Argument aus Satz XXX, Abb. 102, in I. Newtons „Principia"; Newton untersucht dort die Schwerkraft zwischen sphärischen Körpern.

Übung 4.3 Seien Γ und γ Kreise mit den Radien R und r. Der Abstand zwischen ihren Mittelpunkten sei a.

a) Beweisen Sie, dass genau dann eine 3-periodische Poncelet-Konfiguration vorliegt, wenn $a^2 = R^2 - 2rR$ gilt.

b) Beweisen Sie, dass genau dann eine 4-periodische Poncelet-Konfiguration vorliegt, wenn $(R^2 - a^2)^2 = 2r^2(R^2 + a^2)$ gilt.

Die notwendigen und hinreichenden Bedingungen dafür, dass sich ein auf zwei Kegelschnitte bezogenes Poncelet-Polygon nach n-Schritten schließt, gehen auf Cayley [12] zurück.

Der Schließungssatz von Poncelet hat zahlreiche Beweise und Verallgemeinerungen (vgl. Bos et al. [18] für eine ausführliche Diskussion). Poncelet entdeckte diesen Satz 1813–1814 während seiner Kriegsgefangenschaft in der russischen Stadt Saratow; nach seiner Rückkehr nach Frankreich veröffentlichte er den Satz im Jahr 1822.

Zum Abschluss dieses Exkurses wollen wir auf das Billard in Ellipsen zurückkommen. Seien $\Gamma_1, \Gamma_2, \ldots, \Gamma_n$ konfokale Ellipsen, und sei γ eine andere konfokale Ellipse im Innern von $\Gamma_1, \Gamma_2, \ldots, \Gamma_n$. Die Billardkugelabbildung T_i in Γ_i betrachten wir als eine Transformation des Raumes der orientierten Geraden in der Ebene. Jede Abbildung T_i ist integrabel, und diese Abbildungen haben invariante Kurven gemeinsam. Sie setzen sich aus den Geraden zusammen, die an die konfokalen Ellipsen, darunter γ, tangential sind. Folglich können wir auf dieser invarianten Kurve einen affinen Parameter so wählen, dass T_i eine Parallelverschiebung $t \mapsto t + c_i$ ist. Bei der Konstruktion des Poncelet-Polygons könnten wir deshalb die erste Ecke auf Γ_1, die zweite auf Γ_2, usw., und die n-te Ecke auf Γ_n wählen: Die Aussage des Schließungssatzes würde unverändert gelten.[5] ♣

Den übrigen Teil dieses Kapitels widmen wir zwei eng mit diesem Satz verknüpften Resultaten, nämlich der vollständigen Integrabilität der Billardkugelabbildung im Innern eines Ellipsoids und der vollständigen Integrabilität des geodätischen Flusses auf dem Ellipsoid. Als ersten Schritt auf diesem Weg diskutieren wir den Begriff der *polaren Dualität*.

Sei V ein Vektorraum und V^* sein dualer Raum. Jeder von null verschiedene Vektor $x \in V$ bestimmt eine affine Hyperebene $H_x \subset V^*$, die aus Kovektoren p mit $p \cdot x = 1$ besteht. Der Punkt bezeichnet dabei die Paarung zwischen Vektoren und Kovektoren. Analog dazu bestimmt ein von null verschiedener Vektor $p \in V^*$ eine Hyperebene $H_p \subset V$, die aus den Vektoren $x \in V$ besteht, die dieselbe Gleichung erfüllen.

---

[5] Erst kürzlich gab es eine interessante Ergänzung zum Schließungssatz von Poncelet durch R. Schwartz in [92].

Übung 4.4 Zeigen Sie, dass $x \in H_p$ genau dann gilt, wenn $p \in H_x$ ist.

Sei $M \subset V$ eine glatte sternförmige Hyperfläche. Das bedeutet, dass der Ortsvektor jedes Punktes $x \in M$ transversal zu M ist. Die Tangentialebene im Punkt x ist H_p für ein $p \in V^*$. Die Menge dieser p ist eine Hyperfläche $M^* \subset V^*$, die wir polar dual zu M nennen. Das nächste Lemma begründet diese Terminologie.

Lemma 4.2 *Die zu M^* duale Hyperfläche ist M.*

Beweis. Sei v ein Test-Tangentialvektor an die Hyperfläche M^* im Punkt p. Wir wollen zeigen, dass $v \in H_x$ gilt. Da v tangential an M^* ist, ist der Kovektor $p + \varepsilon v$ ε^2-nah an M^*. Bis auf Terme zweiter Ordnung in ε ist deshalb der Kovektor $p + \varepsilon v$ dual zu einem Punkt von M, der infinitesimal nah an x liegt. Abgesehen von Termen höherer Ordnung in ε können wir diesen Punkt als $x + \varepsilon u$ schreiben, wobei u ein Tangentialvektor an M im Punkt x ist. Somit erhalten wir

$$(p + \varepsilon v) \cdot (x + \varepsilon u) = 1\,,$$

und folglich ist

$$v \cdot x + p \cdot u = 0\,.$$

Wegen $u \in H_p$ gilt $p \cdot u = 0$. Folglich ist $v \cdot x = 0$, und deshalb gilt $v \in H_x$. □

Das nachfolgende Beispiel ist für uns wesentlich.

► **Beispiel 4.1** Sei V ein euklidischer Raum, A ein selbstadjungierter linearer Operator und M die Quadrik $Ax \cdot x = 1$. Der Gradient der quadratischen Funktion $Ax \cdot x$ im Punkt x ist $2Ax$; deshalb ist die tangentiale Hyperebene an M im Punkt x orthogonal zu Ax. Daraus ergibt sich, dass $T_xM = H_p$ mit $p = Ax$ gilt. Die duale Hyperfläche M^* ist durch $A^{-1}p \cdot p = 1$ gegeben; insbesondere ist M^* auch eine Quadrik.

Wir betrachten ein Ellipsoid M im $\mathbf{R}^n$, das durch die Gleichung

$$\frac{x_1^2}{a_1^2} + \frac{x_2^2}{a_2^2} + \cdots + \frac{x_n^2}{a_n^2} = 1 \tag{4.5}$$

gegeben ist. Wir nehmen an, dass seine Halbachsen $a_1, \ldots, a_n$ voneinander verschieden sind. Sei B die Diagonalmatrix mit den Einträgen $1/a_1^2, \ldots, 1/a_n^2$, und sei $A = B^{-1}$. Die Gleichung von M ist $Bx \cdot x = 1$. Wir definieren die konfokale Quadrikenschar M_λ durch die Gleichung

$$\frac{x_1^2}{a_1^2 + \lambda} + \frac{x_2^2}{a_2^2 + \lambda} + \cdots + \frac{x_n^2}{a_n^2 + \lambda} = 1 \tag{4.6}$$

mit dem reellen Parameter λ. Die topologische Art von M_λ ändert sich, wenn λ die Werte $-a_i^2$ durchläuft. Eine Kurzformel für die konfokale Schar ist

$$(A+\lambda E)^{-1}x\cdot x=1$$

mit der Einheitsmatrix E.

Der nächste Satz von Jacobi erweitert die elliptischen Koordinaten aus der Ebene auf einen n-dimensionalen Raum.

Satz 4.3 *Ein allgemeiner Punkt $x\in\mathbf{R}^n$ ist in genau n Quadriken enthalten, die zu dem gegebenen Ellipsoid konfokal sind. Diese konfokalen Quadriken stehen im Punkt x paarweise senkrecht aufeinander.*

Beweis. Wir geben zwei Beweise an, von denen sich der erste auf die Begriffe der polaren Dualität und der Eigenbasis einer quadratischen Form stützt. Der zweite Beweis ist direkter.

1) Eine Quadrik M_λ verläuft genau dann durch den Punkt x, wenn die Hyperebene H_x tangential zur dualen Quadrik M_λ^* ist. Wir wollen also zeigen, dass H_x tangential zu n Quadriken aus der dualen Schar M_λ^* ist.
Nach Beispiel 4.1 ist M_λ^* durch die Gleichung $(A+\lambda E)p\cdot p=1$ gegeben. Ein Normalenvektor an diese Hyperfläche im Punkt p ist $(A+\lambda E)p$, und ein Normalenvektor an die Hyperfläche H_x ist x. Somit suchen wir nach λ und p, sodass gilt:

$$(A+\lambda E)p\cdot p=1,\quad (A+\lambda E)p=\mu x. \tag{4.7}$$

Wir betrachten die quadratische Form $(1/2)(Ap\cdot p-(p\cdot x)^2)$. Diese quadratische Form hat eine Eigenbasis $p_1,\dots,p_n$ mit den Eigenwerten $-\lambda_1,\dots,-\lambda_n$, sodass $Ap_i-(p_i\cdot x)x=-\lambda_i p_i$ gilt. Folglich ist

$$(A+\lambda_i E)p_i=(p_i\cdot x)x. \tag{4.8}$$

Wir reskalieren p_i so, dass $p_i\cdot x=1$ gilt. Dann ergibt sich aus (4.8)

$$(A+\lambda_i E)p_i\cdot p_i=x\cdot p_i=1\,,$$

und die Bedingungen (4.7) sind erfüllt.
Schließlich sind die Eigenvektoren $p_1,\dots,p_n$ orthogonal, und damit sind die Hyperebenen $H_{p_1},\dots,H_{p_n}$ tangential zu den Quadriken $M_{\lambda_1},\dots,M_{\lambda_n}$.

2) Wir betrachten Gleichung (4.6) und nehmen $a_1^2<\dots<a_n^2$ an. Zu einem gegebenen Punkt x wollen wir ein λ bestimmen, das diese Gleichung erfüllt. Die Gleichung reduziert sich auf ein Polynom in λ vom Grad n, und wir wollen zeigen, dass alle Nullstellen des Polynoms reell sind.

Wir betrachten den Abschnitt zwischen a_i^2 und a_{i+1}^2. Die linke Seite F von (4.6) nimmt an den Endpunkten dieses Intervalls die Werte $-\infty$ und ∞ an; folglich nimmt sie auch den Wert 1 an. Es gibt $n-1$ solcher Intervalle, und außerdem nimmt F auf dem unendlichen Intervall (a_n^2, ∞) Werte zwischen ∞ und 0 an. Folglich hat die Gleichung $F = 1$ genau n Nullstellen $\lambda_1, \ldots, \lambda_n$, die für einen allgemeinen Punkt x verschieden sind.
Nun müssen wir beweisen, dass die Quadriken M_{λ_i} und M_{λ_j} im Punkt x orthogonal sind. Wie in Beispiel 4.1 betrachten wir die Normale an M_{λ_i}:

$$n_i = \left(\frac{x_1}{a_1^2 + \lambda_i}, \frac{x_2}{a_2^2 + \lambda_i}, \ldots, \frac{x_n}{a_n^2 + \lambda_i} \right).$$

Dann gilt

$$n_i \cdot n_j = \frac{x_1^2}{(a_1^2 + \lambda_i)(a_1^2 + \lambda_j)} + \cdots + \frac{x_n^2}{(a_n^2 + \lambda_i)(a_n^2 + \lambda_j)}. \tag{4.9}$$

Wir betrachten die Gleichung (4.6) für λ_i und λ_j. Die Differenz ihrer linken Seiten ist gleich der rechten Seite von (4.9) mal $(\lambda_j - \lambda_i)$, und diese rechte Seite ist null. Deshalb gilt $n_i \cdot n_j = 0$, wie wir behauptet hatten. □

Der nächste Satz ist von Chasles.

Satz 4.4 *Eine allgemeine Gerade im* $\mathbf{R}^n$ *ist zu* $(n-1)$ *verschiedenen Quadriken aus einer gegebenen konfokalen Schar tangential. Die tangentialen Hyperebenen an diese Quadriken in den Berührungspunkten mit der Gerade sind paarweise orthogonal.*

Beweis. Wir projizieren den $\mathbf{R}^n$ entlang der gegebenen Geraden auf sein $(n-1)$-dimensionales orthogonales Komplement. Eine Quadrik bestimmt eine Hyperfläche in diesem $(n-1)$-dimensionalen Raum, nämlich die Menge der kritischen Werte seiner Projektion (den scheinbaren Umriss). Wenn bekannt ist, dass diese Hyperflächen ebenfalls eine konfokale Quadrikenschar erzeugen, so ergibt sich die Behauptung aus Satz 4.3.

Es ist nicht besonders schwer, mithilfe einer direkten Rechnung zu beweisen, dass der scheinbare Umriss einer Quadrik eine Quadrik ist (vgl. Übung 4.5 auf der nächsten Seite). Die Berechnung wird allerdings recht kompliziert, wenn man beweisen will, dass die scheinbaren Umrisse konfokaler Quadriken wieder konfokale Quadriken sind. Wir werden wie im ersten Beweis des vorherigen Satzes vorgehen und auf die polare Dualität zurückgreifen.

Sei also v der Richtungsvektor der Projektion, und sei $M \subset V$ eine glatte sternförmige Hyperfläche. Sei $W \subset V^*$ die Hyperfläche aus den Kovektoren p, die auf v verschwinden. Nehmen wir an, dass eine zu v parallele Gerade im Punkt x tangential zu M ist. Dann enthält die tangentiale Hyperebene T_xM den Vektor v. Diese tangentiale Hyperebene ist H_p für ein $p \in V^*$. Folglich gilt $p \cdot v = 0$, und deshalb ist

$p \in W$. Wir schlussfolgern, dass die polare Dualität die Berührungspunkte von M mit den zu v parallelen Geraden in die Schnittmenge der dualen Hyperfläche M^* mit der Hyperebene W überführt (vgl. Abb. 4.11).

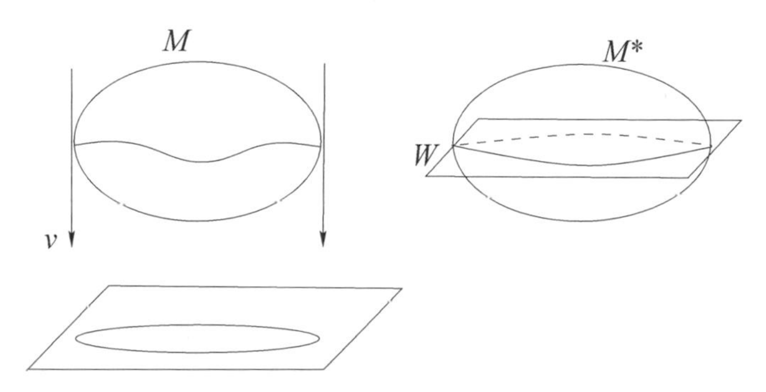

Abb. 4.11 Dualität zwischen Projektion und Schnittmenge

Andererseits ist die Hyperebene W der duale Raum zum Quotientenraum V/v (identifiziert mit dem orthogonalen Komplement zu v). Deshalb ist der scheinbare Umriss von M in diesem Quotientenraum zu $M^* \cap W$ polar dual. Erinnern wir uns an Übung 4.1: Gehört M zu einer konfokalen Schar $(A + \lambda E)^{-1}x \cdot x = 1$, so gehört M^* zur Schar $(A + \lambda E)p \cdot p = 1$. Die Schnittmenge der letzten Schar mit einer Hyperebene ist eine Schar derselben Art, und deshalb ist ihre polar duale Schar eine konfokale Schar. Dies zeigt, dass die scheinbaren Umrisse konfokaler Quadriken ebenfalls konfokale Quadriken sind. □

Übung 4.5 Zeigen Sie durch eine direkte Berechnung, dass der scheinbare Umriss einer Quadrik $Ax \cdot x = 1$ eine Quadrik ist.

Hinweis: Die Gerade $y + tv$ ist genau dann zu einer Quadrik tangential, wenn die quadratische Gleichung

$$A(y+tv) \cdot (y+tv) = 1$$

eine mehrfache Nullstelle in t hat. Was ist die Diskriminante dieser Gleichung?

Sei M eine Hyperfläche im $\mathbf{R}^n$. Eine *geodätische Kurve* auf M ist eine Kurve, die den Abstand zwischen ihren Endpunkten minimiert. Mit anderen Worten: Eine Geodäte ist eine Lichttrajektorie in M oder die Bahn eines freien Massepunktes, der auf M verhaftet ist. Für eine nach der Bogenlänge parametrisierte Geodäte $\gamma(t)$ ist der Beschleunigungsvektor $\gamma''(t)$ orthogonal zu M. (Physikalisch bedeutet dies, dass auf den Massepunkt einzig die Normalkraft wirkt, die den Punkt auf M hält.) Beispielsweise ist eine Geodäte auf der Einheitssphäre ein Großkreis. Die

Bewegung eines freien Massepunktes wird durch den geodätischen Fluss auf dem Tangentialbündel TM beschrieben: Für einen gegebenen Vektor (x, v) bewegt sich der Fußpunkt x mit der konstanten Geschwindigkeit $|v|$ entlang der Geodäte in Richtung v, und die Geschwindigkeit bleibt zu dieser Geodäte tangential.

Der geodätische Fluss auf dem Ellipsoid $M \subset \mathbf{R}^n$ ist vollständig integrabel: Er hat $n-1$ invariante Funktionen. Eine von ihnen ist die Energie $|v|^2/2$, die anderen $n-2$ Funktionen beschreibt der nachfolgende Satz geometrisch.

Satz 4.5 *Die Tangenten an eine feste Geodäte auf M sind zu $(n-2)$ anderen festen Quadriken tangential, die konfokal zu M sind.*

Beweis. Sei ℓ eine Tangente an M im Punkt x. Nach Satz 4.4 ist ℓ zu $(n-2)$ konfokalen Quadriken $N_1, \ldots, N_{n-2}$ tangential. Wir betrachten eine infinitesimale Drehung von ℓ entlang der Geodäten auf M durch x in Richtung von ℓ. Modulo einer infinitesimalen Drehung zweiter Ordnung dreht sich ℓ in der 2-Ebene, die von ℓ und dem Normalenvektor n an M im Punkt x aufgespannt wird. Nach Satz 4.4 enthält die tangentiale Hyperebene zur Quadrik $N_i,\ i = 1, \ldots, n-2$ in ihrem Berührungspunkt mit ℓ den Normalenvektor n. Folglich bleibt die Gerade ℓ bis auf eine infinitesimale Drehung zweiter Ordnung tangential zu N_i, woraus sich die Behauptung ergibt. □

Als Anwendung betrachten wir ein Ellipsoid $M^2 \subset \mathbf{R}^3$. Die zu einer festen Geodäte γ auf M tangentialen Geraden sind zu einer anderen Quadrik N tangential, die zu M konfokal ist. Sei x ein Punkt auf M. Die Tangentialebene an M im Punkt x schneidet N entlang eines Kegelschnitts. Die Anzahl der von x ausgehenden Tangenten an diesen Kegelschnitt kann 2, 1 oder 0 sein (der mittlere Fall einer einzelnen Tangente mit der Vielfachheit 2 tritt auf, wenn x zum Kegelschnitt gehört). Abhängig von der Anzahl (2 oder 0) der gemeinsamen Tangenten an M und N wird somit die Fläche M in zwei Teile zerlegt. Die Geodäte γ ist auf den ersten Teil beschränkt und kann in jedem Punkt nur eine der beiden möglichen Richtungen haben (vgl. Abb. 4.12).

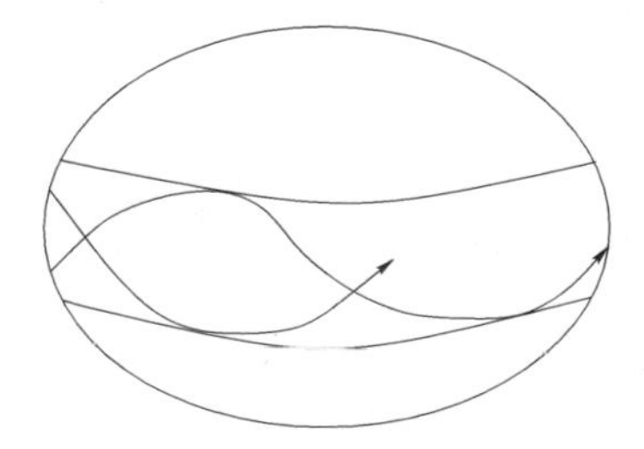

Abb. 4.12 Eine Geodäte auf einem Ellipsoid

Bildet man in Gleichung (4.5) den Grenzwert $a_n \to 0$, so entartet die quadratische Hyperfläche $M^{n-1} \subset \mathbf{R}^n$ zu einem doppelt überdeckten Ellipsoid $G^{n-1} \subset \mathbf{R}^{n-1}$. Die Geodäten auf M werden zu Billardbahnen in G. Als Konsequenz daraus ergibt sich, dass die Billardkugelabbildung im Innern eines $(n-1)$-dimensionalen Ellipsoids ebenfalls vollständig integrabel ist: Eine Billardbahn bleibt zu $n-2$ konfokalen Quadriken tangential. Im ebenen Fall ist dies eine bekannte Version von Satz 4.1.

Nun wenden wir uns den expliziten Gleichungen für die Integrale der Billardkugelabbildung in einem n-dimensionalen Ellipsoid zu (vgl. Satz 4.1 für den ebenen Fall). Das Ellipsoid sei durch die Hyperfläche (4.5) begrenzt. Sei (x,v) ein Phasenpunkt, und zwar ein nach Innen gerichteter Tangentialvektor, dessen Fußpunkt x auf dem Rand liegt. Die folgenden Funktionen sind unter der Billardkugelabbildung invariant:

$$F_i\,(x,v) = v_i^2 + \sum_{j\neq i} \frac{(v_i x_j - v_j x_i)^2}{a_j^2 - a_i^2}, \qquad i = 1,\ldots,n.$$

Diese Funktionen sind nicht unabhängig: $F_1 + \cdots + F_n = 1$.

Wir wollen hinzufügen, dass die Billardkugelabbildung im Innern einer quadratischen Hyperfläche sowohl in sphärischen als auch in hyperbolischen Geometrien vollständig integrabel ist. Man betrachtet dazu die (Pseudo-)Einheitssphäre aus Exkurs 3.1 auf Seite 40 und bildet die Schnittmenge mit einem quadratischen Kegelschnitt, der durch eine Gleichung $Ax \cdot x = 0$ gegeben ist. Per Definition ist die Schnittmenge eine quadratische Hyperfläche in der entsprechenden Geometrie.

Für verschiedene Betrachtungen der vollständigen Integrabilität des geodätischen Flusses auf dem Ellipsoid und des Billards im Innern eines Ellipsoids verweisen wir auf [72, 73, 74, 111].

4.2 Exkurs: Vollständige Integrabilität und der Satz von Arnold und Liouville. Rufen Sie sich ins Gedächtnis, dass sich aus der Integrabilität der Billardkugelabbildung im Innern eines Ellipsoids starke Einschränkungen für das Verhalten der Abbildung ergeben: Enthält beispielsweise eine invariante Kurve einen n-periodischen Punkt, so sind alle Punkte n-periodisch. Dies ergibt sich aus der Flächentreue der Billardkugelabbildung.

Genauso zieht die vollständige Integrabilität einer symplektischen Abbildung, wie etwa der Billardkugelabbildung, im mehrdimensionalen Fall verschiedene Einschränkungen für ihre Dynamik nach sich. Um den entsprechenden Satz formulieren zu können, müssen wir einen weiteren Exkurs in die symplektische Geometrie unternehmen (vgl. [3, 7, 67]).

Sei (M,ω) eine symplektische Mannigfaltigkeit. Die symplektische Struktur bildet Tangentialvektoren eindeutig auf Kotangentialvektoren ab (identifiziert sie): Ein Vektor u bestimmt eine lineare Funktion $v \mapsto \omega(u,v)$. Sei f eine glatte Funktion auf M. Das Differential df ist eine 1-Form, die daher einem Vektorfeld X_f entspricht. Dieses Feld heißt *Hamilton'sches Vektorfeld* und die Funktion heißt *Hamilton'sche Funktion*. Dies erinnert uns an eine vertrautere Konstruktion des Gradienten einer Funktion f, der ein Vektorfeld ist, das durch eine euklidische Struktur (oder allgemeiner eine Riemann'sche Metrik) mit df verknüpft ist. Mitunter bezeichnet man X_f auch als symplektischen Gradienten von f.

Man kann eine binäre Operation auf glatten Funktionen auf einer symplektischen Mannigfaltigkeit definieren. Sie heißt *Poisson-Klammer* und wird mit $\{f,g\}$ bezeichnet. Die Poisson-Klammer zweier Funktionen ist die Richtungsableitung der einen entlang des Hamilton'schen Vektorfelds der anderen:

$$\{f,g\} = df(X_g) = \omega(X_f,X_g).$$

Man sagt, dass zwei Funktionen f und g in der Poisson-Klammer kommutieren, wenn $\{f,g\} = 0$ gilt.

Für die Poisson-Klammer gelten bemerkenswerte Identitäten:

$$\{f,g\} = -\{g,f\}, \quad \{f,\{g,h\}\} + \{g,\{h,f\}\} + \{h,\{f,g\}\} = 0. \tag{4.10}$$

Dies bedeutet, dass glatte Funktionen auf einer symplektischen Mannigfaltigkeit eine *Lie-Algebra* bilden.

Übung 4.6 Seien $\omega = dp \wedge dq$ und $f(q,p)$, $g(q,p)$, $h(q,p)$ glatte Funktionen.

a) Bestimmen Sie die Formel für X_f.
b) Bestimmen Sie die Formel für $\{f,g\}$.
c) Prüfen Sie die Identitäten (4.10).

Für die vollständige Integrabilität gibt es verschiedene Definitionen. Wir betrachten diejenige, die unter dem Namen Integrabilität im Liouville'schen Sinne bekannt ist. Eine symplektische Abbildung $T : M^{2n} \to M^{2n}$ heißt vollständig integrabel, wenn T-invariante glatte Funktionen $f_1,\dots,f_n$ (Integrale) existieren, die in der Poisson-Klammer kommutieren. Wir nehmen an, dass diese Funktionen fast überall auf M unabhängig sind; ihre Differentiale (oder symplektischen Gradienten) sind in fast jedem Punkt unabhängig.

Allgemeine Niveaumengen der Funktionen $f_1,\dots,f_n$ sind n-dimensionale Lagrange'sche Untermannigfaltigkeiten, die M blättern. Analog zum zweidimensionalen Fall hat jede dieser Untermannigfaltigkeiten eine affine Struktur. In dieser affinen Struktur ist die Abbildung T eine affine Transformation. Ist eine solche Niveaumannigfaltigkeit zusammenhängend und kompakt, so ist sie ein n-dimensionaler Torus, und die Abbildung T ist eine Parallelverschiebung. Die Aussagen aus diesem Abschnitt bilden den Satz von Arnold und Liouville.

Mit den Parallelverschiebungen auf dem Torus haben wir uns in Kapitel 2 beschäftigt. Hat eine Verschiebung insbesondere einen periodischen Punkt, so sind alle Punkte mit derselben Periode periodisch.

Die Billardkugelabbildung im Innern eines Ellipsoids im $\mathbf{R}^n$ ist vollständig integrabel. Der Phasenraum ist eine $2(n-1)$-dimensionale symplektische Mannigfaltigkeit, und die Abbildung hat $n-1$ Integrale, jeweils ein Integral für jede konfokale Quadrik, zu der die Billardbahn tangential bleibt. Diese Integrale kommutieren in der Poisson-Klammer, eine Tatsache, die wir nicht beweisen.

Alle Aussagen, die wir über zeitdiskrete Systeme (symplektische Abbildungen) getroffen haben, gelten auch für zeitkontinuierliche Systeme (Hamilton'sche Vektorfelder). Ein wichtiges Beispiel für ein Hamilton'sches Vektorfeld ist der geodätische Fluss auf einer Riemann'schen Mannigfaltigkeit M. Der Phasenraum dieses Flusses ist T^*M (über die Metrik mit TM identifiziert) mit der üblichen symplektischen Struktur. Die Hamilton-Funktion ist die Energie $|p|^2/2$. Der geodätische Fluss auf einem Ellipsoid ist im Liouville'schen Sinne vollständig integrabel. ♣

Kapitel 5
Existenz und Nichtexistenz von Kaustiken

Rufen wir uns die Definition einer Kaustik ins Gedächtnis. Eine Kaustik ist eine Kurve im Innern eines ebenen Billardtisches mit folgender Eigenschaft: Ist ein Abschnitt einer Billardbahn an diese Kurve tangential, so gilt dies für jeden reflektierten Abschnitt. Für den Moment nehmen wir an, dass Kaustiken glatt und konvex sind.

Sei Γ eine Billardkurve und γ eine zugehörige Kaustik. Angenommen, wir löschen die Billardkurve, sodass nur die Kaustik übrig bleibt. Können wir Γ aus γ zurückgewinnen? Die Antwort ist positiv und wird durch die folgende *Fadenkonstruktion* gegeben. Wir legen einen geschlossenen, nicht dehnbaren Faden um γ, ziehen ihn an einem Punkt straff und bewegen diesen Punkt um γ, um die Kurve Γ zu gewinnen.

Satz 5.1 *Das Billard im Innern von Γ hat γ als Kaustik.*

Beweis. Wir wählen einen Bezugspunkt $y \in \gamma$. Zu einem Punkt $x \in \Gamma$ seien $f(x)$ und $g(x)$ die Abstände zwischen x und y, wenn wir uns rechts beziehungsweise links um γ herumbewegen. Dann ist Γ eine Niveaulinie der Funktion $f+g$. Wir wollen beweisen, dass die von den Abschnitten ax und bx mit Γ gebildeten Winkel gleich sind (vgl. Abb. 5.1 auf der nächsten Seite).

Wir betrachten den Gradienten von f im Punkt x.

Lemma 5.1 *$\nabla f(x)$ ist der Einheitsvektor in Richtung ax.*

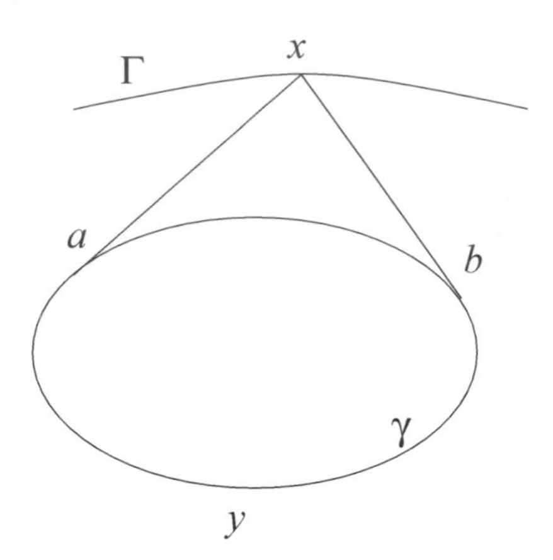

Abb. 5.1 Fadenkonstruktion

Beweis. Aus physikalischer Sicht ist dies offensichtlich: Das freie Ende x des sich zusammenziehenden Fadenabschnitts yax bewegt sich mit Einheitsgeschwindigkeit gegen a.

Die analytischere Betrachtung ist folgendermaßen. Sei $\gamma(t)$ die Parametrisierung nach der Bogenlänge mit $y = \gamma(0)$. Wir betrachten die Niveaulinie $f = c$ durch den Punkt c. Wir wollen beweisen, dass die Niveaulinie orthogonal zu ax ist. Es gilt $x = \gamma(t) + (c-t)\gamma'(t)$ mit $a = \gamma(t)$ und demzufolge $x' = (c-t)\gamma''(t)$. Da t ein Bogenlängenparameter ist, stehen die Vektoren γ' und γ'' senkrecht aufeinander. Folglich steht x' senkrecht auf ax. Offensichtlich ist die Richtungsableitung von f in Richtung ax gleich 1, und wir sind fertig. □

Aus Lemma 5.1 folgt, dass $\nabla(f+g)$ den Winkel axb halbiert. Deshalb bilden ax und bx gleiche Winkel mit Γ. □

Vergegenwärtigen Sie sich, dass die Fadenkonstruktion eine 1-parametrige Schar von Billardkurven Γ liefert: Der Parameter ist die Länge des Fadens.

Rufen wir uns die vollständige Integrabilität der Billardkugelabbildung im Innern einer Ellipse ins Gedächtnis (vgl. Satz 4.1 auf Seite 52). Damit ergibt sich das folgende Korollar, der sogenannte Satz von Graves.

Korollar 5.1 *Schlingt man einen geschlossenen, nicht dehnbaren Faden um eine Ellipse, so ergibt sich eine konfokale Ellipse.*

5.1 **Exkurs: Evoluten und Evolventen.** Wir wollen auf die Situation aus Lemma 5.1 zurückkommen: γ ist eine Kurve mit einem festen Punkt y, und x ist das freie Ende eines nicht dehnbaren Fadens mit fester Länge, der von y ausgehend um γ gewickelt wird. Sei Γ die Ortslinie der Punkte x. Die Kurve Γ heißt *Evolvente* der Kurve γ, und γ heißt *Evolute* von Γ. Nach Lemma 5.1 ist γ die

Hüllkurve der Normalen an Γ. Vergegenwärtigen Sie sich, dass eine Kurve eine 1-parametrige Schar von Evolventen besitzt.

Die Beschäftigung mit Evolventen und Evoluten geht insbesondere auf Huygens zurück. Huygens war mit der Lösung eines praktischen Problems beschäftigt: Er wollte ein Pendel konstruieren, dessen Periode nicht von der Amplitude abhängt. Da aber die Periode gewöhnlich von der Amplitude und der Länge des Pendels abhängt, muss sich der Aufhängepunkt eines solchen *isochronen Pendels* verschieben (vgl. Abb. 5.2). Huygens entdeckte, dass man die Zykloide als Kurve Γ in dieser Abbildung verwenden muss, auf welcher der Faden abrollt (vgl. die Diskussion der Brachistochrone in Kapitel 1 und auch Geiges [44]).

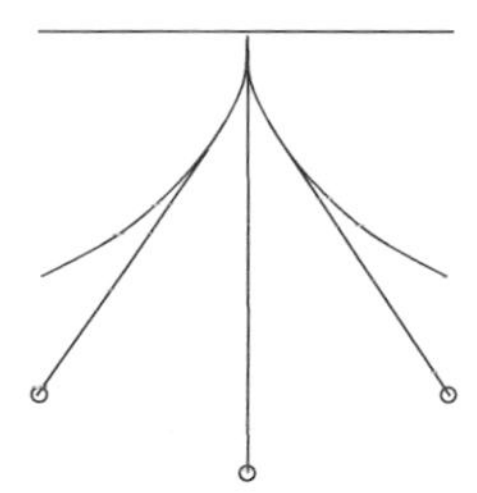

Abb. 5.2 Ein isochrones Pendel

Wir werden eine Reihe interessanter Fakten in Bezug auf Evoluten und Evolventen behandeln, die einmal Bestandteil einer Standardvorlesung über Analysis oder Differentialgeometrie waren, die aber wahrscheinlich den heutigen Studenten leider nicht mehr geläufig sind.

Lemma 5.2 *Die Länge eines Kreisbogens einer Evolute ist gleich der Differenz der Tangentenabschnitte an eine Evolvente (vgl. Abb. 5.3).*

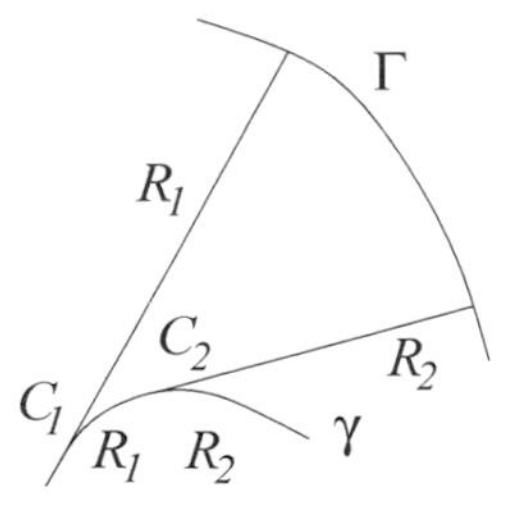

Abb. 5.3 Länge eines Kreisbogens der Evolute

Beweis. Dies ergibt sich aus der Fadenkonstruktion von Γ. □

Lemma 5.3 *Sei Γ ein glatter Kreisbogen. Seine Evolute γ ist die Ortslinie der Krümmungsmittelpunkte von Γ.*

Beweis. Die Normalen eines Kreises schneiden sich in seinem Mittelpunkt. Wir betrachten den Schmiegekreis der Kurve Γ im Punkt x. Dieser Kreis hat einen Berührungspunkt zweiter Ordnung mit Γ. Deshalb ist der Schnittpunkt infinitesimal naher Normalen an Γ im Punkt x der Mittelpunkt des Schmiegekreises.

Alternativ sei $\Gamma(t)$ eine Parametrisierung nach der Bogenlänge. Sei $R(t)$ der Krümmungsradius und $N(t)$ der nach innen gerichtete Normalenvektor. Dann gilt $N' = -(1/R)\Gamma'$. Der Krümmungsmittelpunkt ist der Punkt $C(t) = \Gamma(t) + R(t)N(t)$, und folglich gilt

$$C'(t) = \Gamma'(t) + R'(t)N(t) + R(t)N'(t) = R'(t)N(t)\,.$$

Deshalb ist die Ortslinie der Krümmungsmittelpunkte tangential zu den Normalen von Γ, die Ortslinie ist also die Evolute. □

An einem Wendepunkt von Γ geht γ gegen unendlich.

Ein *Scheitel* einer glatten Kurve ist ein Punkt, an dem der Schmiegekreis einen Berührungspunkt dritter Ordnung mit der Kurve hat. Entsprechend ist ein Scheitel ein kritischer Punkt der Krümmung. An einem Scheitel von Γ hat die Evolute γ einen stationären Punkt, allgemein eine Spitze (vgl. Abb. 5.6 auf Seite 74). Eine allgemeine Spitze ist semi-kubisch: In geeigneten lokalen Koordinaten hat sie die Bestimmungsgleichung $y^2 = x^3$.

Übung 5.1 Berechnen Sie die Gleichung der Evolute der Parabel $y = x^2$.

Hinweis: Die Hüllkurve der Geradenschar $F_t(x,y) = 0$ ist die parametrische Kurve mit dem Parameter t, die durch die Lösung des Systems $F_t(x,y) = \partial F_t(x,y)/\partial t = 0$ in den Variablen x, y gegeben ist.

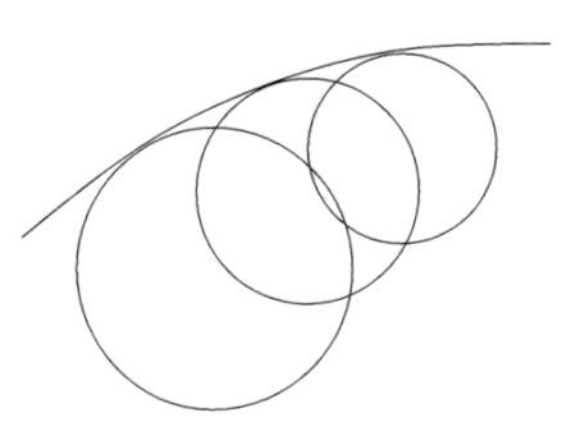

Abb. 5.4 Ein falsches Bild von Schmiegekreisen

Wir betrachten einen Kreisbogen Γ mit monotoner positiver Krümmung. Skizzieren Sie ein paar Schmiegekreise an Γ. Sehr wahrscheinlich wird Ihre Zeichnung so ähnlich wie Abb. 5.4 aussehen. Das ist falsch! Ein korrektes (mit dem Computer erstelltes) Bild zeigt Abb. 5.5,[1] wie das nächste Lemma (von Kneser) zeigt.

[1] Dieses Bild sieht etwas merkwürdig aus, den Grund dafür besprechen wir in Anmerkung 1.

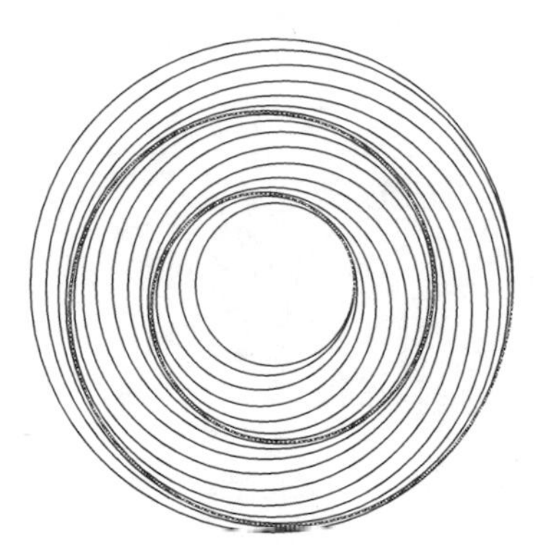

Abb. 5.5 Verschachtelte Schmiegekreise

Lemma 5.4 *Die Schmiegekreise eines Kreisbogens mit monoton positiver Krümmung sind verschachtelt.*

Beweis. Wieder betrachten wir Abb. 5.3 auf Seite 71. Die Länge des Kreisbogens C_1C_2 ist $R_1 - R_2$; daher gilt $|C_1C_2| \leq R_1 - R_2$. Deshalb enthält der Kreis mit dem Mittelpunkt C_1 und dem Radius R_1 den Kreis mit dem Mittelpunkt C_2 und dem Radius R_2. □

Anmerkung 1 Die Schmiegekreise eines Kreisbogens γ mit monotoner Krümmung blättern den Kreisring A, der vom größten und vom kleinsten dieser Kreise begrenzt wird. Die Blätter dieser Blätterung sind glatte Kurven. Die Kurve γ kann unendlich glatt sein, trotzdem ist die Blätterung selbst nicht differenzierbar! Genauer gesagt, gilt die folgende Behauptung: Sei f eine differenzierbare Funktion in A, die auf jedem Blatt der Blätterung konstant ist. Dann ist die Funktion f konstant in A. Weil f auf den Blättern konstant ist, verschwindet das Differential df tatsächlich auf jedem Vektor, der zu einem Blatt tangential ist. Da γ überall tangential zu den Blättern ist, ist df auf den Tangentialvektoren an γ null. Folglich ist f auf γ konstant. Der Kreisring A ist aber die Vereinigung der Blätter durch die Punkte von γ; folglich ist f auf A konstant.

Sei Γ eine geschlossene konvexe Kurve, und sei γ ihre Evolute. Wir wollen die Konvention übernehmen, dass sich das Vorzeichen der Länge der Evolute an jeder Spitze ändert.

Lemma 5.5 *Die Gesamtlänge von γ ist null.*

Beweis. Wir betrachten Abb. 5.6 auf der nächsten Seite. Die Krümmungsradien seien r_1, R_1, r_2, R_2. Nach Lemma 5.2 haben dann die Kreisbögen der Evolute die Längen $R_1 - r_1, R_1 - r_2, R_2 - r_2, R_2 - r_1$. Ihre alternierende Summe verschwindet. Den allgemeinen Fall beweist man analog. □

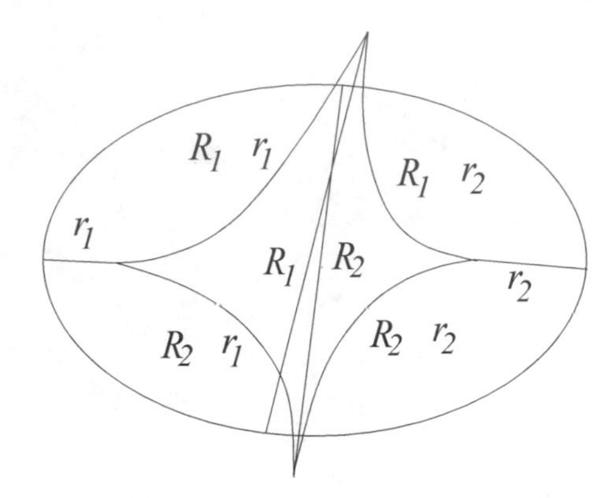

Abb. 5.6 Spitzen der Evolute an Scheitelpunkten

Wir betrachten die Tangentenschar an eine geschlossene Kurve (Wellenfront) γ ohne Wendepunkte. Auf einer dieser Tangenten wählen wir einen Startpunkt und konstruieren die orthogonale Kurve Γ, also die Evolvente von γ. Lemma 5.5 liefert eine Bedingung dafür, dass sich die Kurve Γ schließt: Und zwar schließt sich die Evolvente für jeden Startpunkt, wenn die Gesamtlänge von γ null ist. Die Beziehung zwischen Γ und γ erinnert dabei an die Beziehung zwischen einer periodischen Funktion und ihrer Ableitung. Das Integral der Ableitung einer periodischen Funktion über eine Periode ist null, und das ist eine notwendige Bedingung dafür, dass eine Funktion eine Stammfunktion hat (und alle Stammfunktionen unterscheiden sich nur durch eine Integrationskonstante).

Zum Abschluss dieses Exkurses geben wir drei Übungen an.

Übung 5.2 **a)** Die Evolute einer glatten Kurve hat keine Wendepunkte.
b) Zeichnen Sie die Evolventen einer kubischen Parabel.

Übung 5.3 Seien Γ_1 und Γ_2 zwei Evolventen ein und derselben Kurve γ. Beweisen Sie, dass Γ_1 und Γ_2 äquidistant sind: Der Abstand zwischen Γ_1 und Γ_2 entlang ihrer gemeinsamen Normalen (tangential zu γ) ist konstant.

Übung 5.4 Beschreiben Sie die Evolute einer Zykloide. ♣

5.2 Exkurs: Eine mathematische Theorie der Regenbögen.

Wie man in der geometrischen Optik Regenbögen erklärt, geht auf Antonii de Dominis (1611), Descartes (1637) und Newton (1675) zurück. Wir beschäftigen uns hier nur mit monochromatischen Regenbögen.

Die Lichtstrahlen von der Sonne treffen nahezu parallel auf die Erde. Dieser parallele Strahl trifft auf zahlreiche Wassertropfen, die wir uns idealerweise als Kugeln vorstellen. Betrachten Sie dazu die Abb. 5.7, die Newtons „Optics" [79] (Abb. 43) entnommen ist.

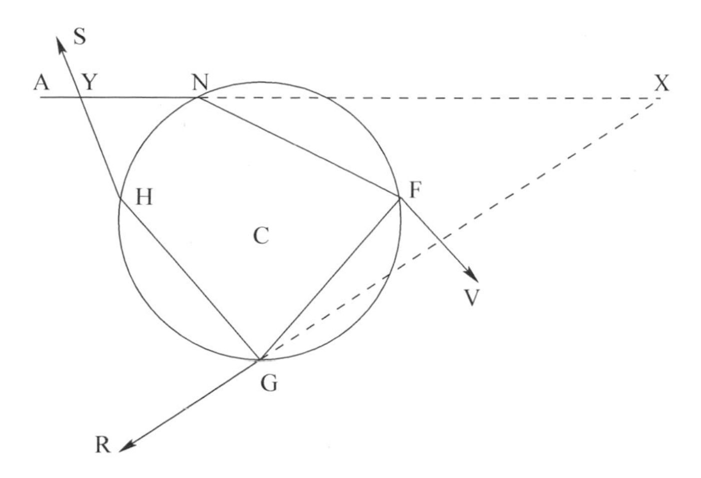

Abb. 5.7 Weg des Lichts in einem Regentropfen

Der Strahl AN kommt von der Sonne und tritt in den Regentropfen ein. Vergegenwärtigen Sie sich, dass sich der Lichtstrahl in der Ebene bewegt, die von AN und dem Mittelpunkt C der Kugel aufgespannt wird; wir brauchen folglich nur ein zweidimensionales Bild zu betrachten. Wenn der Strahl AN in diese Kugel eintritt, wird er nach dem Snellius'schen Gesetz gebrochen (vgl. Kapitel 1). Er läuft dann zum Punkt F. Dort teilt sich der Strahl in einen austretenden Strahl FV, der gegen die helle Sonne nicht sichtbar ist, und einen reflektierten Strahl FG. Dieser teilt sich wieder in einen gebrochenen Strahl GR und einen reflektierten Strahl GH. Der erste Regenbogen besteht aus den Strahlen GR.

Den Winkel zwischen A und der Normalen CN bezeichnen wir mit α, und der Winkel CNF sei β. Nach dem Snellius'schen Brechungsgesetz gilt

$$\frac{\sin\alpha}{\sin\beta} = k \tag{5.1}$$

mit dem Brechungskoeffizienten k ($4/3$ für den Übergang Luft/Wasser und 1,5 für den Übergang Luft/Glas). Die Winkel NFC, CFG, FGC sind alle gleich β, und der Winkel zwischen GR und der Normalen CG ist gleich α. Daraus folgt, dass der Winkel AXR gleich $4\beta - 2\alpha$ ist.

Der Winkel α charakterisiert die Position des Strahls AN in der 1-parametrigen Schar paralleler Strahlen. Die Richtung ψ des austretenden Strahls GR ist eine Funktion von α, nämlich $\psi = 4\beta - 2\alpha$. Nun betrachten wir zwei infinitesimal nah beieinander liegende Strahlen, die in den Wassertropfen eintreten. Bilden die austretenden Strahlen einen von null verschiedenen Winkel, so zerstreut sich die von ihnen transportierte Energie und die Strahlen sind nicht sichtbar. Daraus ergibt sich, dass man nur die austretetenden Strahlen wahrnimmt, die infinitesimal parallel sind. Das betrifft also Strahlen, die folgende Bedingung erfüllen:

$$\frac{d\psi}{d\alpha} = 0. \tag{5.2}$$

Genauer sei t eine Koordinate in der 1-parametrigen Schar paralleler Strahlen, etwa der Abstand von AN zu C. Dann ist α eine Funktion von t. Der Regentropfen ist wie ein optisches Gerät, das den eintretenden Strahl in einen austretenden Strahl überführt, der durch die Funktion $\psi(t)$ charakterisiert ist. Die vom austretenden Lichtstrahl transportierte Energie ist $dt/d\psi$. Ihren (unendlichen) Maximalwert erreicht sie für $d\psi/dt = 0$, was äquivalent zu (5.2) ist.

Aus Gleichung (5.2) ergibt sich

$$\frac{d\beta}{d\alpha} = \frac{1}{2}. \tag{5.3}$$

Wir differenzieren (5.1): $d\alpha \ \cos\alpha = k\, d\beta \ \sin\beta$, das Ergebnis kombinieren wir mit (5.3) und erhalten: $2\cos\alpha = k\cos\beta$. Dieses Ergebnis kombinieren wir wiederum mit (5.1), um β zu eliminieren:

$$\cos\alpha = \sqrt{\frac{k^2-1}{3}}. \tag{5.4}$$

Diese Gleichung bestimmt den Winkel ψ, unter dem man den ersten Regenbogen beobachtet, nämlich ungefähr 42°.

Was die Farben des Regenbogens betrifft, so ergeben sie sich aus der Tatsache, dass der Brechungsindex von der Farbe (der Wellenlänge des Lichts) abhängt, und Gleichung (5.4) liefert dann zu jeder Wellenlänge einen Winkel ψ, der ungefähr zwischen 40° (blaues Licht) und 42° (rotes Licht) liegt.

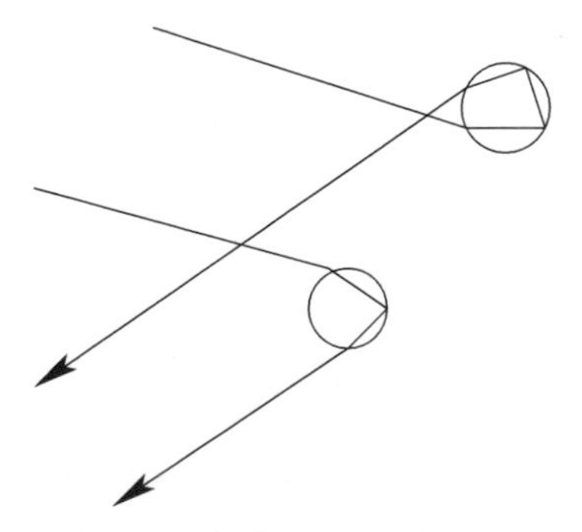

Abb. 5.8 Erster und zweiter Regenbogen

Der zweite Regenbogen wird durch die Strahlen erzeugt, die im Regentropfen vor Ihrem Austritt zweimal reflektiert werden (vgl. Abb. 5.8). Theoretisch könnte es dritte, vierte etc. Regenbögen geben, aber ihre Sichtbarkeit nimmt stark mit der Ordnung ab, und man konnte sie bisher nur im Labor beobachten. Insbesondere würde der dritte Regenbogen gegen die Sonne liegen und wäre schon deshalb nicht sichbar.

Übung 5.5 Beweisen Sie die Gleichung

$$\cos\alpha = \sqrt{\frac{k^2-1}{(n+1)^2-1}}$$

für den n-ten Regenbogen, die (5.4) verallgemeinert. ♣

5.3 Exkurs: Der Vierscheitelsatz und der Satz von Sturm und Hurwitz.

Wie der Name nahelegt, besagt der Vierscheitelsatz, dass eine glatte, einfach geschlossene ebene Kurve Γ mindestens vier verschiedene Scheitel besitzt. Wir werden annehmen, dass die Kurve konvex und allgemein ist. Eine äquivalente Formulierung des Vierscheitelsatzes ist die Aussage, dass die Evolute γ der Kurve Γ mindestens vier Spitzen hat.

Der Vierscheitelsatz wurde von dem indischen Mathematiker Mukhopadhyaya im Jahr 1909 veröffentlicht [75]. In den rund einhundert Jahren seit seiner Veröffentlichung hat dieser Satz einen florierenden Forschungszweig hervorgebracht, der unter anderem mit der zeitgenössischen symplektischen Topologie und der Knotentheorie verknüpft ist (vgl. [5, 6]). Wir verweisen auf Kerckhoff et al. [80] für eine Übersicht über diesen Forschungszweig mit zahlreichen Verallgemeinerungen und Beweisen. Vergegenwärtigen Sie sich, dass eine geschlossene Kurve mit Selbstüberschneidungen und positiver Krümmung auch nur zwei Scheitel haben kann (vgl. Abb. 5.9).

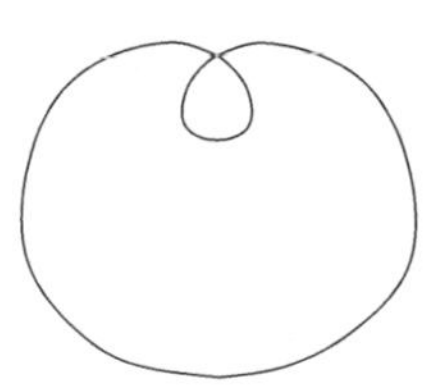

Abb. 5.9 Eine Kurve mit zwei Scheitelpunkten

Wir werden zwei sehr unterschiedliche Beweise für den Vierscheitelsatz angeben. Der erste ist topologisch (vgl. Tabachnikov [107]).

Die Krümmung hat auf Γ ein Maximum und ein Minimum; deshalb hat γ mindestens zwei Spitzen. Die Anzahl der Maxima und Minima der Krümmung ist gerade. Zum Beweis per Widerspruch nehmen wir an, dass γ nur zwei Spitzen hat.

Wir betrachten eine lokal konstante Funktion $n(x)$ im Komplement von γ, deren Wert im Punkt x gleich der Anzahl der Tangenten an γ (d. h. Normalen an G) durch x

ist. Der Wert dieser Funktion wächst um 2, wenn x von der lokal konkaven zur lokal konvexen Seite von γ wechselt (vgl. Abb. 5.10, links).

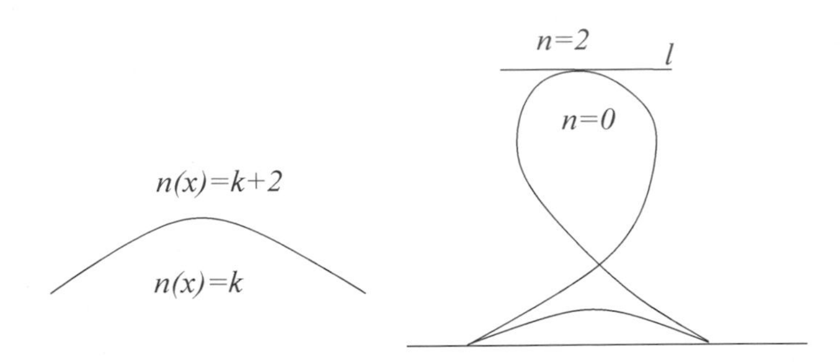

Abb. 5.10 Beweis des Vierscheitelsatzes

Für jeden Punkt x hat der Abstand zu Γ ein Minimum und ein Maximum. Daher gibt es mindestens zwei Senkrechten von x auf Γ, und daher gilt $n(x) \geq 2$ für alle x. Da sich die Normalen an Γ monoton drehen und einen vollständigen Umlauf ausführen, gilt für alle Punkte x, die hinreichend weit von Γ entfernt sind, $n(x) = 2$.

Wir betrachten die Gerade durch zwei Spitzen von γ und nehmen an, dass diese Gerade horizontal ist (vgl. Abb. 5.10, rechts). Dann nimmt die auf γ beschränkte Höhenfunktion entweder ihr Minimum oder ihr Maximum (oder beide) nicht in einer Spitze an. Angenommen, sie würde dort ihr Maximum annehmen. Nun zeichnen wir eine horizontale Gerade l durch dieses Maximum. Da γ unter dieser Geraden liegt, ist oberhalb dieser Geraden $n = 2$. Unmittelbar unter der Geraden l ist deshalb $n(x) = 0$, und es gibt keine Tangenten an γ vom Punkt x aus. Dies ist ein Widerspruch. Damit ist der Vierscheitelsatz bewiesen.

Der zweite Beweis ist analytisch; er bedient sich der Stützfunktion von Γ (vgl. Kapitel 3). Wir wählen einen Ursprung im Innern von Γ. Die Stützfunktion von Γ sei . Wir wollen die Scheitel mithilfe der Stützfunktion beschreiben.

Lemma 5.6 *Scheitel von Γ entsprechen Werten von ϕ, für die gilt:*

$$p'''(\phi) + p'(\phi) = 0\,. \tag{5.5}$$

Beweis. Der Beweis ergibt sich aus Übung 3.8 d) auf Seite 37. Alternativ dazu können wir folgendermaßen argumentieren.

Kreise habe die Stützfunktionen $a\cos\phi + b\sin\phi + c$ mit den Konstanten a, b und c. Wählt man den Ursprung im Mittelpunkt des Kreises, so ist die Stützfunktion konstant (nämlich der Radius des Kreises). Der allgemeine Fall ergibt sich aus Übung 3.2 auf Seite 32.

Scheitelpunkte sind die Punkte, an denen die Kurve einen Berührungspunkt dritter Ordnung mit dem Kreis hat. In Bezug auf die Stützfunktionen bedeutet dies, dass

$p(\phi)$ mit $a\cos\phi + b\sin\phi + c$ bis zur dritten Ableitung übereinstimmt. Nun müssen wir nur noch vergegenwärtigen, dass lineare Schwingungen $a\cos\phi + b\sin\phi + c$ Gleichung (5.5) identisch erfüllen. □

Mithilfe von Lemma 5.6 können wir den Vierscheitelsatz folgendermaßen umformulieren.

Satz 5.2 *Sei $p(\phi)$ eine glatte Funktion mit der Periode 2π. Dann hat die Gleichung $p'''(\phi) + p'(\phi) = 0$ mindestens vier verschiedene Nullstellen.*

Dieser Satz hat eine Verallgemeinerung, nämlich den folgenden Satz von Sturm und Hurwitz. Rufen Sie sich ins Gedächtnis, dass eine glatte Funktion mit der Periode 2π folgende Fourier-Entwicklung besitzt:

$$f(\phi) = \sum_{k \geq 0} (a_k \cos k\phi + b_k \sin k\phi) . \tag{5.6}$$

Satz 5.3 *Nehmen wir an, dass die Fourier-Reihe* (5.6) *der Funktion f mit der n-ten Oberschwingung beginnt, sie also keine Terme mit $k < n$ enthält. Dann hat die Funktion $f(\phi)$ mindestens $2n$ verschiedene Nullstellen auf dem Kreis $[0, 2\pi)$.*

Aus Satz 5.3 ergibt sich Satz 5.2: Die Funktion $p'''(\phi) + p'(\phi)$ enthält die ersten Oberschwingungen nicht und erfüllt die Voraussetzungen von Satz 5.3 mit $n = 2$.

Beweis. Wir werden hier zwei Beweise angeben (vgl. Ovsienko und Tabachnikov [80] für weitere Betrachtungsweisen).

1) Sei $Z(f)$ die Anzahl der Vorzeichenwechsel einer Funktion f. Nach dem Satz von Rolle gilt $Z(f') \geq Z(f)$. Wir führen den Operator D^{-1} (die Stammfunktion) auf dem Unterraum der Funktionen mit verschwindendem Mittelwert ein:

$$(\mathrm{D}^{-1} f)(x) = \int_0^x f(t)\, dt .$$

Der Satz von Rolle lautet dann: $Z(f) \geq Z(\mathrm{D}^{-1} f)$.
Vergegenwärtigen Sie sich, dass gilt:

$$(\cos k\phi)'' = -k^2 \cos k\phi, \quad (\sin k\phi)'' = -k^2 \sin k\phi .$$

Der Operator D^{-2} bringt also einen Faktor $-1/k^2$ vor die k-te Oberschwingung. Nun betrachten wir die Folge von Funktionen

$$f_m = (-1)^m \left(n\mathrm{D}^{-1}\right)^{2m} f ,$$

im Einzelnen:

$$f_m(\phi) = (a_n \cos n\phi + b_n \sin n\phi) + \sum_{k>n} \left(\frac{n}{k}\right)^{2m} (a_k \cos k\phi + b_k \sin k\phi) . \tag{5.7}$$

Nach dem Satz von Rolle gilt für jedes m die Ungleichung $Z(f) \geq Z(f_m)$. Da die Fourier-Reihen (5.6) konvergieren, gilt $\sum_k (a_k^2 + b_k^2) < C$ für eine Konstante C. Daraus ergibt sich, dass der zweite Summand in (5.7) für hinreichend große m beliebig klein ist. Daraus folgt, dass die Funktion f_m für große m genauso viele Vorzeichenwechsel hat wie die n-te Oberschwingung, also $2n$. Damit sind wir fertig.

2) Wir wollen nun den Beweis durch Widerspruch führen. Wir nehmen an, dass f auf dem Kreis weniger als $2n$ Vorzeichenwechsel hat. Da die Anzahl der Vorzeichenwechsel gerade ist, hat f höchstens $2(n-1)$ davon. Wir können nun ein trigonometrisches Polynom g vom Grad $\leq n-1$ bestimmen, also

$$g(\phi) = \sum_{k=0}^{n-1} (a_k \cos k\phi + b_k \sin k\phi) ,$$

das an denselben Punkten wie f sein Vorzeichen wechselt. Dann hat die Funktion fg auf dem Kreis ein konstantes Vorzeichen, und es gilt $\int_0^{2\pi} f(\phi) g(\phi)\, d\phi \neq 0$. Andererseits gilt für $k \neq m$

$$\begin{aligned} \int_0^{2\pi} \sin k\phi \sin m\phi \; d\phi &= \int_0^{2\pi} \sin k\phi \cos m\phi \; d\varphi \\ &= \int_0^{2\pi} \cos k\phi \cos m\phi \; d\phi = 0 . \end{aligned} \tag{5.8}$$

Daraus ergibt sich $\int_0^{2\pi} f(\phi) g(\phi) \; d\phi = 0$. Das ist ein Widerspruch. □

Übung 5.6 Beweisen Sie (5.8).

Die Funktion g kann explizit folgendermaßen gewählt werden.

Übung 5.7 Seien $0 \leq \alpha_1 < \alpha_2 < \ldots < \alpha_{2n-2} < 2\pi$ die Punkte, an denen die Funktion f ihr Vorzeichen wechselt. Beweisen Sie, dass man im obigen Beweis

$$g(\phi) = \sin \frac{\phi - \alpha_1}{2} \sin \frac{\phi - \alpha_2}{2} \ldots \sin \frac{\phi - \alpha_{2n-2}}{2}$$

verwenden kann. ♣

Nun wollen wir die Geometrie und die Topologie von Billardkaustiken diskutieren. Sei Γ eine streng konvexe geschlossene Billardkurve. Der Phasenraum M der Billardkugelabbildung T besteht aus den orientierten Geraden, die Γ schneiden; das ist ein Unterraum des Raumes N aller orientierten Geraden in der Ebene (vgl. Kapitel 3).

Ein *invarianter Kreis* der Billardkugelabbildung ist eine einfach geschlossene Kurve $\delta \subset M$, die eine Wendung um den Phasenzylinder ausführt. Ist Γ beispielsweise ein Kreis, so ist M durch invariante Kreise geblättert; und ist Γ eine Ellipse, so ist der Teil von M, der den Rand enthält, durch invariante Kreise geblättert (vgl. Abb. 4.6 auf Seite 54).

Außerdem wollen wir zusätzlich annehmen, dass ein invarianter Kreis δ eine glatte Kurve ist. Dann kann man sich δ als eine glatte 1-parametrige Schar orientierter Geraden vorstellen, die den Billardtisch schneiden. Die Einhüllende der Schar, nämlich γ, ist eine Kaustik unseres Billards. Diese Einhüllende kann Spitzen oder Selbstüberschneidungen haben, aber keine Wendepunkte oder Doppeltangenten (vgl. Abb. 5.11 mit Beispielen solch exotischer Kaustiken).

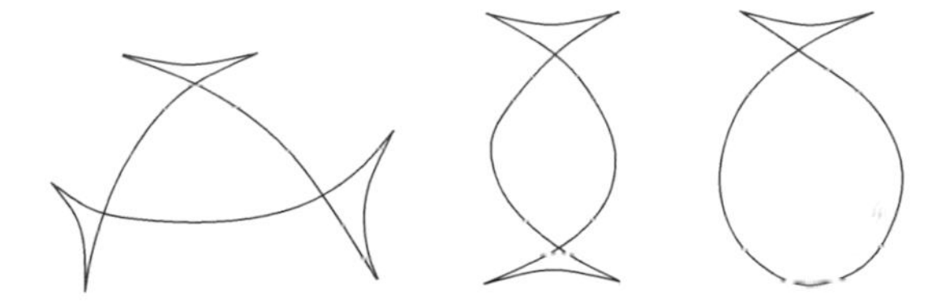

Abb. 5.11 Nicht-konvexe Kaustiken

Um diese Eigenschaften von Kaustiken zu erklären, bedienen wir uns der (projektiven) Dualität zwischen der Ebene und dem Raum der orientierten Geraden in dieser Ebene. Zwei Versionen dieser Konstruktion haben wir bisher erwähnt: nämlich Beispiel 3.1 auf Seite 46 über die Dualität zwischen Punkten und Großkreisen auf der Sphäre und die Diskussion der polaren Dualität in Kapitel 4.

Eine orientierte Gerade ℓ in der Ebene ist ein Punkt $\ell^* \in N$. Einem Punkt $A = (x,y)$ der Ebene weisen wir die Menge der Geraden durch diesen Punkt zu. Das ist eine Kurve A^* auf dem Zylinder N mit der Gleichung $p = x\sin\phi - y\cos\phi$ in den Koordinaten (p,ϕ) (vgl. Übung 3.2 auf Seite 32). Wie in Übung 4.4 auf Seite 60 gilt $A \in \ell$ genau dann, wenn $\ell^* \in A^*$ ist.

Diese projektive Dualität lässt sich auf glatte Kurven übertragen. Sei γ eine glatte ebene Kurve. Dann bilden ihre Tangenten eine Kurve $\gamma^* \subset N$, die sogenannte duale Kurve. Sei $p(\phi)$ die Stützfunktion der Kurve γ. Dann ist die duale Kurve γ^* der Graph dieser Stützfunktion. Analog zu Lemma 4.2 gilt $(\gamma^*)^* = \gamma$.

Die projektive Dualität tauscht Doppelpunkte einer Kurve und Doppeltangenten gegen ihr Dual (vgl. Abb. 5.12). Hat eine Kurve γ beispielsweise einen Wendepunkt, so hat ihre duale Kurve γ^* eine Singularität, allgemein eine Spitze. Tatsächlich ist ein Wendepunkt ein Punkt, an dem die Kurve γ ungewöhnlich gut durch eine Gerade ℓ genähert wird. Deshalb ist die duale Kurve γ^* dem Punkt ℓ^* ungewöhnlich nah, sie hat also eine Singularität.

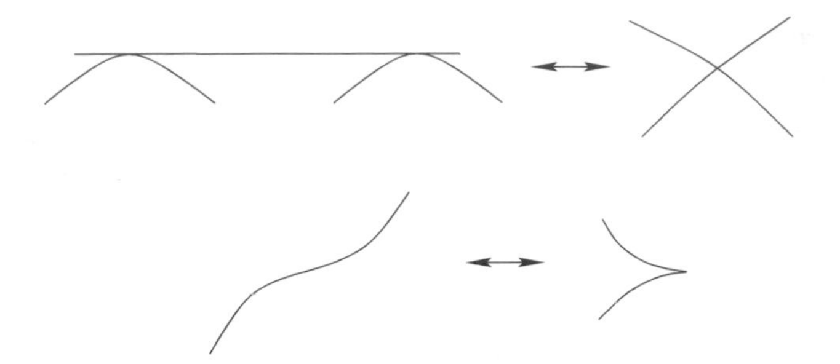

Abb. 5.12 Projektive Dualität

Übung 5.8 Berechnen Sie die Gleichung der Kurve, die zur kubischen Parabel $y = x^3$ dual ist.

5.4

Exkurs: Projektive Ebene. Ein natürlicher Gegenstand der projektiven Dualität ist die projektive Ebene.[2] Die projektive Ebene $\mathbf{RP}^2$ besteht aus den Geraden im dreidimensionalen Raum, die durch den Ursprung verlaufen. Da jede Gerade die Einheitssphäre in zwei gegenüberliegenden Punkten (Antipoden) schneidet, können wir die projektive Ebene $\mathbf{RP}^2$ auch erhalten, indem wir die Antipodenpunkte auf der Einheitssphäre miteinander identifizieren. Da diese Antipodeninvolution die Orientierung umkehrt, ist die projektive Ebene eine nichtorientierbare Fläche. Die Definition des $\mathbf{RP}^n$ als Raum der Geraden im $\mathbf{R}^{n+1}$ ist analog.

Übung 5.9 Beweisen Sie, dass der Raum $\mathbf{RP}^1$ topologisch ein Kreis ist.

Übung 5.10 Beweisen Sie, dass der Raum $\mathbf{RP}^2$, aus dem man eine Kreisscheibe entfernt, ein Möbiusband ist.

Eine Gerade in der projektiven Ebene ist definiert als die Menge der Geraden in V, die in einer festen Ebene liegen. Äquivalent dazu ist eine Gerade im $\mathbf{RP}^2$ die Projektion eines Großkreises auf die Einheitssphäre. Projektive Transformationen der projektiven Ebene werden durch lineare Transformationen des Raumes induziert; sie überführen Geraden in Geraden.

Sei π eine Ebene in V, die nicht durch den Ursprung geht. Eine Gerade, die nicht parallel zur Ebene π ist, schneidet die Ebene in einem einzigen Punkt. Auf diese Weise wird π zu einem Teil der projektiven Ebene. Der übrige Teil des $\mathbf{RP}^2$ besteht aus den Geraden, die parallel zu π sind, also $\mathbf{RP}^1$. Eine andere Wahl einer Ebene π'

[2] Die Wurzeln der projektiven Geometrie liegen in einer Schrift mit dem Titel „A sample of one of the general methods of using perspective", die der französische Architekt und Mathematiker Gérard Desargues im Jahr 1636 veröffentlichte.

liefert eine projektive Transformation $\pi \to \pi'$. Die projektive Ebene ergibt sich also aus der gewöhnlichen (affinen) Ebene, indem man eine Gerade „im Unendlichen" hinzunimmt. Vergegenwärtigen Sie sich, dass sich in der projektiven Ebene – anders als in der affinen Ebene – zwei Geraden immer schneiden: Parallele Geraden schneiden sich im Unendlichen. Es folgt ein gutes Beispiel dafür, wie ein geometrisches Problem drastisch vereinfacht werden kann.

► **Beispiel 5.1** Abbildung 5.13 veranschaulicht den Satz von Desargues: Laufen die Geraden AA', BB' und CC' durch denselben Punkt, dann sind die Punkte P, Q und R kollinear. Wir wählen die Gerade PQ als die Gerade im Unendlichen. Dann lautet die Voraussetzung des Satzes, dass AC parallel zu $A'C'$ und BC parallel zu $B'C'$ ist, und die Behauptung ist, dass AB parallel zu $A'B'$ ist. Letzteres ist offensichtlich, da die Dreiecke ABC und $A'B'C'$ ähnlich sind.

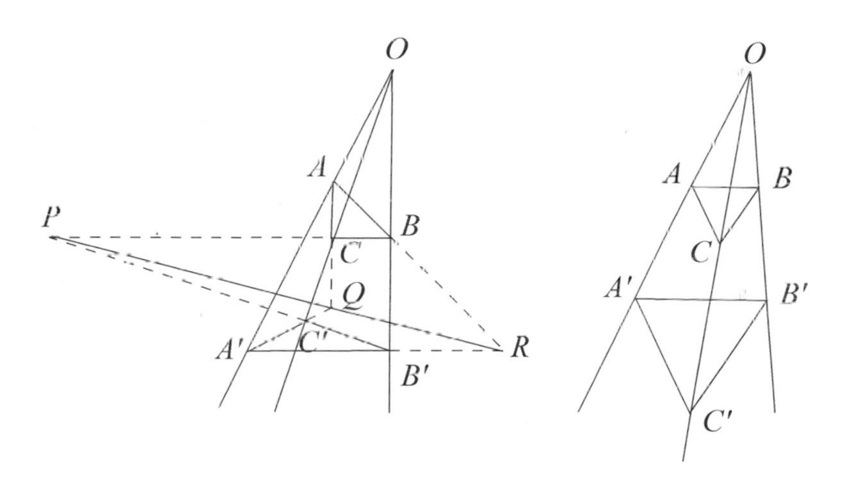

Abb. 5.13 Satz von Desargues

Wir betrachten den dualen Raum V^*. Mit $(\mathbf{RP}^2)^*$ bezeichnen wir die projektive Ebene, deren Punkte Geraden in V^* sind. Der Kern eines von null verschiedenen Kovektors $p \in V^*$ ist eine Ebene in V, also eine Gerade $\ell \subset \mathbf{RP}^2$. Diese Gerade hängt nur von der Gerade in V^* ab, die von p aufgespannt wird. Somit stellen wir eine eineindeutige Beziehung zwischen den Geraden im $\mathbf{RP}^2$ und den Punkten in der dualen projektiven Ebene $(\mathbf{RP}^2)^*$ her; dies ist die projektive Dualität. Für einen Vektor x in V ist die zu einem Kovektor p duale Gerade $x \cdot p = 0$. Jedem Konfigurationssatz in der projektiven Ebene, in dem es um Geraden und Punkte geht, entspricht ein dualer Satz (der mit dem ursprünglichen übereinstimmen kann).

Übung 5.11 Formulieren Sie den dualen Satz zum Satz von Desargues.

Die in Beispiel 3.1 auf Seite 46 beschriebene sphärische Dualität wird zur projektiven Dualität, wenn man durch Antipodeninvolution faktorisiert und die Orientierung der Großkreise vernachlässigt. Der Raum der Geraden in der affinen Ebene ergibt sich aus dem Raum der Geraden in der projektiven Ebene, indem man die Gerade im Unendlichen entfernt. Somit ist der erste Raum der Raum $(\mathbf{RP}^2)^*$ mit einem entfernten Punkt, was topologisch betrachtet ein offenes Möbiusband ist (vgl. Übung 5.10).

Die projektive Dualität lässt sich genauso auf glatte Kurven übertragen wie vorhin für die euklidische Ebene diskutiert. Insbesondere gilt weiterhin die in Abb. 5.12 auf Seite 82 dargestellte Beziehung zwischen verschiedenen Singularitäten. Wir werden in Kapitel 9 wieder auf projektive und sphärische Dualität zurückkommen.

Zum Abschluss dieses Exkurses gibt es wieder zwei Übungen.

Übung 5.12 Zeichnen Sie die projektiv duale Kurve zu der in Abb. 5.14 dargestellten Kurve.

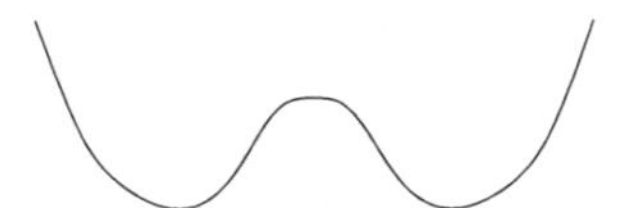

Abb. 5.14 Wie sieht die duale Kurve aus?

Übung 5.13 Betrachten Sie eine allgemeine glatte ebene geschlossene Kurve γ, die Selbstüberschneidungen haben kann. Sei $T_\pm$ die Anzahl der Doppeltangenten an γ, sodass γ lokal auf einer Seite (bzw. auf gegenüberliegenden Seiten) der Doppeltangente liegt (vgl. Abb. 5.15). Die Anzahl der Wendepunkte sei I, und N sei die Anzahl der Doppelpunkte von γ. Beweisen sie folgenden Zusammenhang:[3]

$$T_+ - T_- - \frac{I}{2} = N\,.$$

Hinweis: Wählen Sie eine Orientierung für γ. Sei $\ell(x)$ der positive Tangentenstrahl im Punkt $x \in \gamma$. Betrachten Sie dann die Anzahl der Schnittpunkte von $\ell(x)$ mit γ und untersuchen Sie, wie sich diese Anzahl verändert, wenn sich x über γ schiebt. Ändern Sie anschließend die Orientierung. ♣

Wir wollen nun auf den invarianten Kreis δ der Billardkugelabbildung zurückkommen. Wir stellen fest, das er dual zur entsprechenden Kaustik ist: $\delta = \gamma^*$. Da δ glatt ist und keine Doppelpunkte hat, ist γ frei von Wendepunkten und Doppeltangenten.

[3] Dieses Ergebnis ist überraschend neu: Es stammt von Fabricius-Bjerre aus dem Jahr 1962 [35].

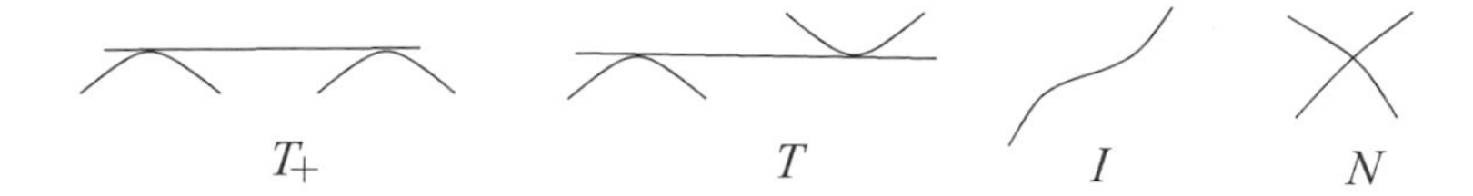

Abb. 5.15 Invarianten ebener Kurven

Vergegenwärtigen Sie sich, dass jeder Kreisbogen einer Kaustik eine durch den Tangentenabschnitt der Billardbahn induzierte Orientierung hat; an Spitzen verhalten sich diese Orientierungen wie in Abb. 5.16.

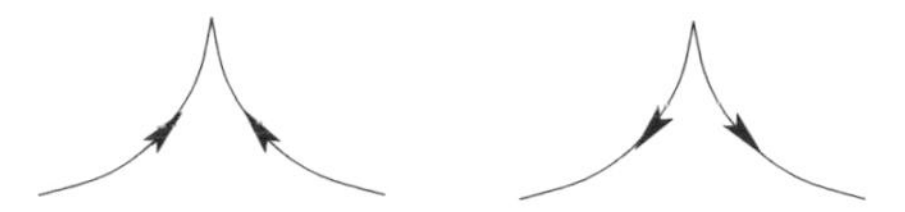

Abb. 5.16 Orientierungen einer Kaustik an einer Spitze

Die folgende Modifikation der Fadenkonstruktion funktioniert für Kaustiken mit Spitzen (vgl. Abb. 5.17). Wir betrachten den geschlossenen Weg $xbqpax$ und definieren seine Länge als die algebraische Summe der Längen ihrer glatten Kreisbögen: Eine Länge ist positiv, wenn die Orientierung eines Kreisbogens mit der des Weges übereinstimmt, anderenfalls ist sie negativ (also liefert der Kreisbogen qp einen negativen Beitrag). Diese Vorzeichenkonvention stimmt mit der aus Lemma 5.5 auf Seite 73 überein. Sei Γ die Ortslinie der Punkte x, sodass der „Faden" $xbqpax$ eine konstante Länge hat. Die Behauptung ist, dass γ eine Kaustik für das Billard im Innern von Γ ist.

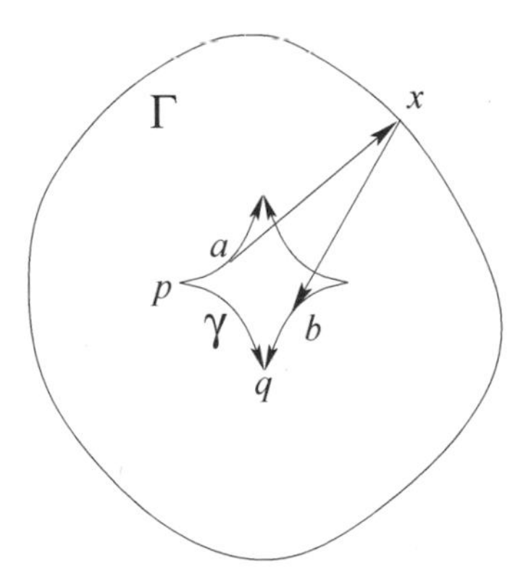

Abb. 5.17 Fadenkonstruktion für eine Kaustik mit Spitzen

Übung 5.14 Beweisen Sie die letzte Behauptung.

Sei $\delta \subset M$ ein invarianter Kreis der Billardkugelabbildung im Innern von Γ, und sei γ die entsprechende Kaustik. Unsere letzte Diskussion beantwortet die folgende Frage noch nicht: Kann γ Punkte außerhalb von Γ haben?

Um diese Frage zu beantworten, brauchen wir den folgenden Satz von Birkhoff: In den Standardkoordinaten (t,α) in M ist die Kurve δ der Graph $\alpha = f(t)$ einer stetigen Funktion f. Dieser Satz bezieht sich auf eine große Klasse flächentreuer *Twistabbildungen* des Zylinders. Die Twistbedingung für eine Abbildung $T : (t,\alpha) \mapsto (t_1,\alpha_1)$ bedeutet, dass $\partial t_1/\partial\alpha > 0$ gilt. Die Billardkugelabbildung in einem konvexen Billard erfüllt diese Bedingung offensichtlich (vgl. Abb. 5.18). Wir verweisen auf Katok und Hasselblatt [58] für die Theorie der Twistabbildungen und insbesondere einen Beweis des Satzes von Birkhoff.

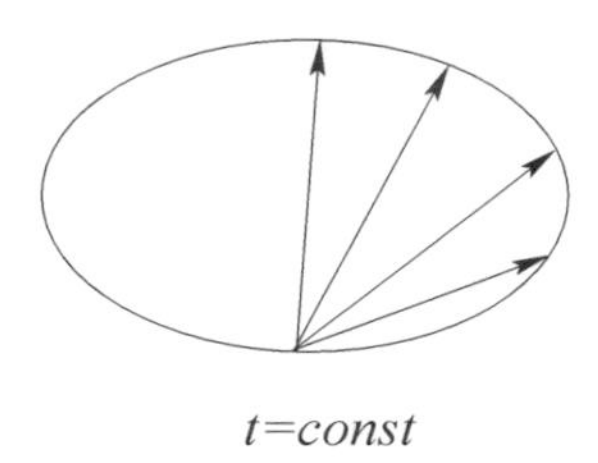

Abb. 5.18 Twistbedingung für ein konvexes Billard

Der Satz von Birkhoff hat folgende Konsequenz.

Lemma 5.7 *Sei γ die Kaustik, die zu einem invarianten Kreis δ der Billardkugelabbildung im Innern einer konvexen Kurve Γ gehört. Dann liegt γ im Innern von Γ.*

Beweis. Die Kurve δ ist ein Graph $\alpha = f(t)$, und die auf δ beschränkte Abbildung T schreiben wir als

$$T(t,f(t)) = (g(t),f(g(t))$$

mit einer monoton wachsenden Funktion g. Sei $t_1 = t + \varepsilon$ ein benachbarter Punkt. Dann schneiden sich die Geraden $(\Gamma(t)\,\Gamma(g(t)))$ und $(\Gamma(t_1)\,\Gamma(g(t_1)))$ im Innern von Γ (vgl. Abb. 5.19 auf der nächsten Seite). Für $\varepsilon \to 0$ erhalten wir die Behauptung. □

Vergegenwärtigen Sie sich, dass Lemma 5.7 für manche Kaustiken des Billards im Innern einer Ellipse nicht gilt, und zwar für konfokale Hyperbeln. Die entsprechenden invarianten Kurven im Phasenzylinder lassen sich zusammenziehen und machen keine Wendung um den Zylinder.

Wir kommen nun zu einer sehr nützlichen Gleichung, die in der geometrischen Optik unter dem Namen *Spiegelgleichung* bekannt ist.

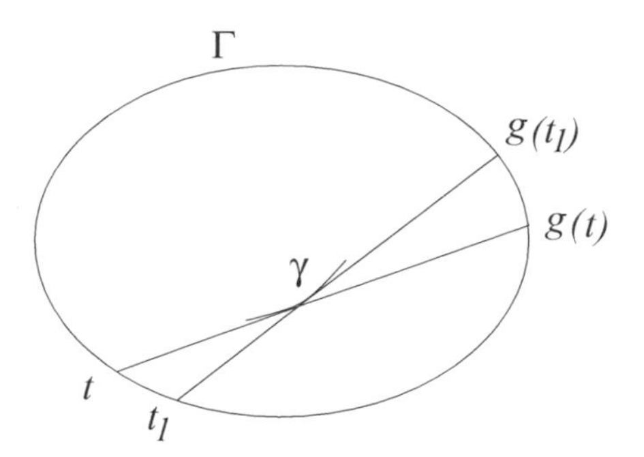

Abb. 5.19 Die Kaustik liegt im Innern des Billardtisches

Sei Γ eine reflektierende Kurve (also der Rand eines Billardtisches). Nehmen wir an, dass ein infinitesimales Lichtbündel mit dem Mittelpunkt A in ein Bündel mit dem Mittelpunkt B reflektiert wird (vgl. Abb. 5.20). Wir bezeichnen den Spiegelpunkt mit X, und den gleichen Winkel, den AX und BX mit Γ bilden, bezeichnen wir mit α. Wir koorientieren Γ durch die nach innen gerichtete Einheitsnormale n. Sei k die Krümmung von Γ im Punkt X. Bedenken Sie, dass k vorzeichenbehaftet ist: Für einen nach außen konvexen Billardtisch ist das Vorzeichen positiv, im umgekehrten Fall ist das Vorzeichen negativ.

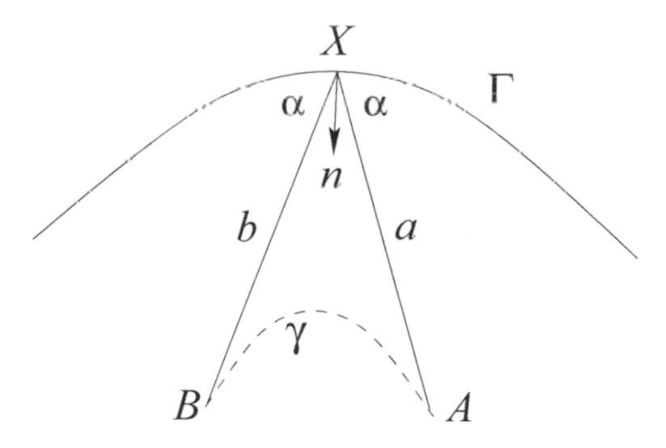

Abb. 5.20 Spiegelgleichung

Seien a und b die vorzeichenbehafteten Abstände der Punkte A und B zu X. Per Konvention sei $a > 0$, wenn das einfallende Bündel vor der Reflexion fokusiert, und sei $b > 0$, wenn das reflektierte Bündel nach der Reflexion fokusiert.

Satz 5.4 *Es gilt:*

$$\frac{1}{a} + \frac{1}{b} = \frac{2k}{\sin \alpha}. \tag{5.9}$$

Sei Γ beispielsweise eine Gerade. Dann ist $k = 0$ und $b = -a$: Der Fokus des reflektierten Bündels befindet sich hinter dem Spiegel.

Beweis. Wir parametrisieren Γ durch den Bogenlängenparameter t so, dass $X = \Gamma(0)$ ist. Wir betrachten die Funktion

$$f(t) = |\Gamma(t) - A| + |\Gamma(t) - B|.$$

Da der Strahl AX in XB reflektiert wird, erhalten wir: $f'(0) = 0$. Da infinitesimal nahe Strahlen von A auch in B reflektiert werden, gilt ebenso: $f''(0) = 0$. Wir wollen diese Bedingungen durch die gegebenen Größen ausdrücken.

Es gilt:

$$a' = |\Gamma(t) - A|' = \frac{(\Gamma(t) - A) \cdot \Gamma'(t)}{a} = \cos\alpha$$

und analog $|\Gamma(t) - B|' = -\cos\alpha$. Vergegenwärtigen Sie sich, dass $\Gamma'' = kn$ gilt. Wir differenzieren abermals:

$$\begin{aligned} |\Gamma(t) - A|'' &= \frac{\Gamma'(t) \cdot \Gamma'(t)}{a} + \frac{(\Gamma(t) - A) \cdot \Gamma''(t)}{a} - \frac{((\Gamma(t) - A) \cdot \Gamma'(t))^2}{a^3} \\ &= \frac{1}{a} - k\sin\alpha - \frac{\cos^2\alpha}{a} = \frac{\sin^2\alpha}{a} - k\sin\alpha. \end{aligned}$$

Wegen $f''(0) = 0$ erhalten wir:

$$\frac{\sin^2\alpha}{a} + \frac{\sin^2\alpha}{b} - 2k\sin\alpha = 0,$$

woraus sich die Spiegelgleichung (5.9) ergibt. □

Die Spiegelgleichung gilt für Kaustiken: Ein Punkt der Kaustik ist der Fokus eines infinitesimalen Bündels, das nach der Reflexion an einem anderen Punkt dieser Kaustik fokusiert (vgl. Abb. 5.20). Daraus ergibt sich das folgende Phänomen, das von J. Mather [66] entdeckt wurde.

Korollar 5.2 *Verschwindet die Krümmung einer konvexen glatten Billardkurve in einem Punkt, so hat die entsprechende Billardkugelabbildung keine invarianten Kreise.*

Beweis. Wir nehmen an, dass es einen invarianten Kreis gibt, und sei $\gamma \subset \Gamma$ die entsprechende Kaustik. Sei $X \in \Gamma$ ein Punkt der Kaustik mit verschwindender Krümmung, und seien XA und XB Tangentenabschnitte an γ im Punkt X, die mit Γ gleiche Winkel bilden. Aus der Spiegelgleichung (5.9) ergibt sich $b = -a$, und deshalb liegt einer der Punkte A und B außerhalb des Billardtisches. □

Wir wissen, dass die Billards in Ellipsen integrabel sind: Der Billardtisch ist durch Kaustiken geblättert, nämlich durch die konfokalen Ellipsen, und ein Teil des Phasenraumes besteht aus den orientierten Tangenten an diese Kaustiken (in Abb. 4.6 auf Seite 54 ist das der Teil außerhalb der „Augen“). Das Billard in einem Kreis ist sogar noch regulärer: Jeder Phasenpunkt ist eine orientierte Gerade, die an eine Kaustik tangential ist.

Wie außergewöhnlich ist diese Situation? Eine lange bestehende Vermutung von Birkhoff besagt: Wenn die Umgebung einer glatten streng konvexen Billardkurve durch Kaustiken geblättert ist, dann ist die Kurve eine Ellipse. Diese Vermutung blieb bisher unbewiesen. Das beste Resultat in dieser Richtung ist ein Satz von M. Bialy [17], der die Eindeutigkeit von Kreisen besagt. Wir folgen der Vorgehensweise in Wojtkowski [118].

Satz 5.5 *Gehört fast jeder Phasenpunkt einer Billardkugelabbildung in einem streng konvexen Billardtisch zu einem invarianten Kreis, so ist der Billardtisch eine Kreisscheibe.*

Beweis. Sei (x,v) ein Phasenpunkt, und sei

$$T(x,v) = (x',v'), \quad T^{-1}(x,v) = (x'',v'').$$

Wir bezeichnen die Sehnenlänge $|xx'|$ mit $f(x,v)$. Die Gerade $x''x$ ist tangential zu einer Kaustik γ; sei $a(x,v)$ die Länge ihres Abschnitts vom Berührungspunkt zu x (vgl. Abb. 5.21). Die Krümmung der Billardkurve sei $k(x)$.

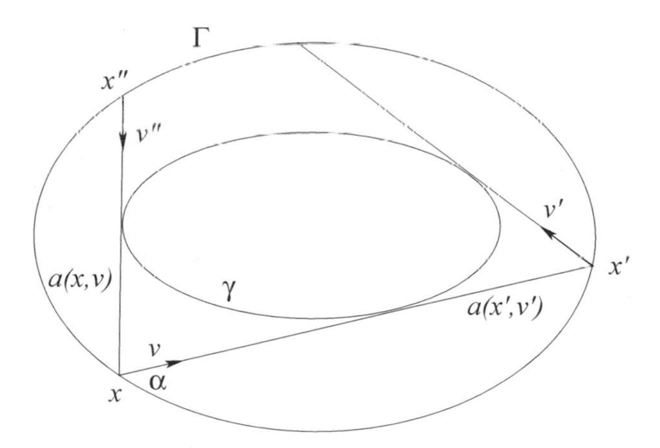

Abb. 5.21 Der Beweis des Satzes von Bialy

Gemäß der Spiegelgleichung gilt:

$$\frac{1}{a(x,v)} + \frac{1}{f(x,v) - a(x',v')} = \frac{2k(x)}{\sin\alpha}$$

oder

$$\frac{4a(x,v)\,(f(x,v) - a(x',v'))}{a(x,v) + (f(x,v) - a(x',v'))} = \frac{2\sin\alpha}{k(x)}. \tag{5.10}$$

Nach der Ungleichung zwischen harmonischem und arithmetischem Mittel ist die linke Seite von (5.10) nicht größer als $f(x,v)+a(x,v)-a(x',v')$. Wir integrieren beide Seiten über den Phasenraum bezüglich seiner T-invarianten Flächenform:

$$\int_M (f(x,v)+a(x,v)-a(T(x,v)))\ \omega = \int_M f(x,v)\ \omega = 2\pi A$$

Dabei ist A die Fläche des Tisches (vgl. Korollar 3.2).

Sei t der Bogenlängenparameter auf der Billardkurve Γ, und L sei die Kurvenlänge. Wegen $\omega = \sin\alpha\ d\alpha \wedge dt$ ist das Integral auf der rechten Seite von (5.10) gleich

$$\int_0^L \int_0^\pi \frac{2\sin^2\alpha}{k(t)}\ dt\ d\alpha = \pi \int_0^L \frac{1}{k(t)}\ dt\,.$$

Wir rufen uns die Cauchy-Schwartz-Ungleichung ins Gedächtnis:

$$\int_0^L g^2(t)\ dt \int_0^L h^2(t)\ dt \geq \left(\int_0^L g(t)h(t)\ dt\right)^2.$$

Daraus folgt

$$\int_0^L \frac{1}{k(t)}\ dt \int_0^L k(t)\ dt \geq L^2\,.$$

Aus $\int_0^L k(t)\ dt = 2\pi$ schließen wir $2\pi A \geq L^2/2$. In der isoperimetrischen Ungleichung (3.5) ist das Relationszeichen umgekehrt, also muss das Relationszeichen ein Gleichheitszeichen sein, und die Kurve Γ ist ein Kreis. □

Zum Abschluss dieses Kapitels wollen wir uns mit der folgenden Frage befassen: Welche ebenen konvexen Billards mit glattem Rand haben Kaustiken? Die Antwort liefert die Kolmogorov-Arnold-Moser (KAM)-Theorie. Diese Theorie befasst sich mit kleinen Störungen integrabler Systeme (vgl. beispielsweise [3, 58, 70]).

Integrable Systeme sind sehr außergewöhnlich. Aber viele wichtige Systeme sind eben gerade kleine Störungen integrabler Systeme. Ein klassisches Beispiel ist das Sonnensystem. Die Gesamtmasse der Planeten beträgt etwa 0,1% der Sonnenmasse. Vernachlässigt man die Anziehungskräfte zwischen den Planeten und betrachtet nur ihre Anziehung zur Sonne, so erhält man ein integrables (und explizit lösbares) System: Jeder Planet bewegt sich auf einer Ellipse, wobei in einem Brennpunkt der Ellipse die Sonne steht. Berücksichtigt man die Anziehungskräfte zwischen den Planeten, so erhält man dieses integrable System mit einer kleinen Störung.

Für den Moment wollen wir annehmen, dass wir es mit einer vollständig integrablen flächentreuen Abbildung T in zwei Dimensionen zu tun haben. Der Phasenraum ist durch invariante Kreise geblättert, und in geeigneten Koordinaten auf diesen Kreisen ist die Abbildung eine Parallelverschiebung $T: x \mapsto x+c$. Die Konstante c hängt von dem invarianten Kreis ab, und wir nehmen an, dass diese Abhängigkeit nicht entartet ist. Die Abbildung T ist in der Klasse der flächentreuen Abbildungen gestört.

Wir betrachten einen invarianten Kreis γ mit $c = p/q$. Dann gilt $T^q = \text{Id}$ auf γ. Es ist äußerst außergewöhnlich, dass eine Abbildung eine Kurve besitzt, die aus Fixpunkten besteht, und daher sollten wir erwarten, dass der invariante Kreis γ unter kleinen Störungen der Abbildung T verschwindet.

Wenn aber c irrational ist und schlecht durch rationale Zahlen genähert werden kann, dann überlebt der invariante Kreis γ eine Störung der Abbildung T und wird selbst auch gestört. Die technische Bedingung an c für die Gültigkeit dieses KAM-Resultats heißt *diophantische Bedingung*: Es existieren zwei Zahlen $a > 0, b > 1$, sodass für alle von null verschiedenen ganzen Zahlen p und q gilt: $|qc - p| > aq^{-b}$.

Die KAM-Theorie hat zahlreiche Anwendungen. Aus ihr ergibt sich beispielsweise, dass die Geodäten auf einer Fläche, die einem 3-axialen Ellipsoid hinreichend nahe kommt, sich ähnlich verhalten wie die Geodäten aus Abb. 4.12 auf Seite 64.

Eine Anwendung zu ebenen konvexen Billards geht auf V. Lazutkin [64] zurück. Er bewies den folgenden Satz: Zu einer hinreichend glatten Billardkurve mit überall positiver Krümmung existiert in der Umgebung der Billardkurve eine Menge glatter Kaustiken, deren Vereinigung ein positives Maß hat. Ursprünglich verlangte dieser Satz 553 stetige Ableitungen der Billardkurve; später wurde diese Zahl auf 6 reduziert. Lazutkin bestimmte durch die Fadenkonstruktion induzierte Koordinaten, in denen sich die Billardkugelabbildung auf eine einfache Form reduziert:

$$x_1 = x + y + f(x,y)y^3, \quad y_1 = y + g(x,y)y^4.$$

Insbesondere in der Nähe des Phasenzylinderrandes $y = 0$ ist die Abbildung eine kleine Störung der integrablen Abbildung $(x,y) \mapsto (x+y,y)$.

Zum Abschluss sei noch ein Resultat von M. Berger [13] erwähnt, in dem es um Kaustiken von mehrdimensionalen Billards geht. Nehmen wir an, dass eine Billardhyperfläche M eine Kaustik N hat, und zwar eine weitere Hyperfläche. Dann bildet die Menge der Strahlen durch einen Punkt von M, die tangential zu N sind, einen symmetrischen Kegel, dessen Symmetrieachse senkrecht auf M steht. Berger bewies: Ist diese Bedingung in der Nähe eines Punktes von M erfüllt, dann ist M ein Teil einer Quadrik und N ein Teil einer konfokalen Quadrik. Anders als der Satz von Bialy ist dieses Resultat lokal gültig.

Kapitel 6
Periodische Bahnen

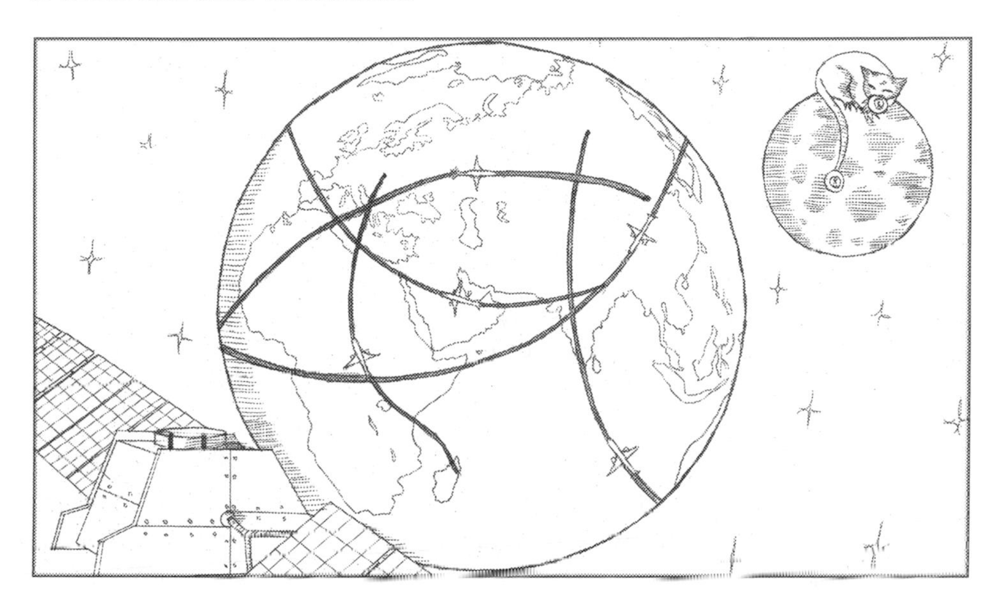

Wir wollen unsere Diskussion periodischer Billardbahnen mit dem einfachsten Fall beginnen, nämlich einer Bahn mit der Periode zwei. Sei γ eine glatte, streng konvexe Billardkurve. Eine 2-periodische Billardbahn ist eine Sehne von γ, die an beiden Endpunkten senkrecht auf γ steht. Solche Sehnen heißen *Durchmesser*.

Einer dieser Durchmesser lässt sich leicht bestimmen: Wir betrachten dazu die längste Sehne von γ. Da Billardbahnen Extrema der Umfangslängenfunktion sind (vgl. Kapitel 1), ist die längste Sehne eine 2-periodische Bahn. Gibt es andere 2-periodische Bahnen?

Wie man am Beispiel einer Ellipse sieht, gibt es außer der Hauptachse noch einen zweiten Durchmesser, nämlich die Nebenachse. Um diesen zweiten Durchmesser für eine beliebige Kurve γ zu konstruieren, betrachten wir zwei parallele Stützgeraden an γ mit der Richtung ϕ (vgl. Abb. 6.1 auf der nächsten Seite). Sei $w(\phi)$ der Abstand zwischen diesen Geraden. Das ist die Breite von γ in der Richtung ϕ. Dann ist $w(\phi)$ eine glatte (und gerade) Funktion auf dem Kreis. Ihr Maximum entspricht der längsten Sehne von γ, und ihr Minimum entspricht dem anderen Durchmesser. Das ist die gesuchte zweite 2-periodische Billardbahn.

Übung 6.1 Drücken Sie $w(\phi)$ als Funktion der Stützfunktion $p(\phi)$ der Kurve γ aus. Beweisen Sie mithilfe von Übung 3.8 auf Seite 37, dass in Abb. 6.1 auf der nächsten Seite $\cos\alpha = w'(\phi)$ gilt, und schlussfolgern Sie, dass kritische Punkte der Breitenfunktion Durchmessern von γ entsprechen.

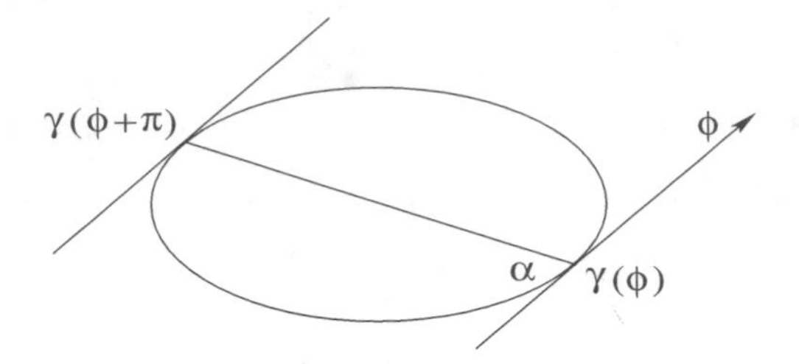

Abb. 6.1 Breite eines Billardtisches

Nun wollen wir uns mit n-periodischen Billardbahnen befassen. Dazu nehmen wir an, dass $x_1,\ldots,x_n \in \gamma$ aufeinanderfolgende Punkte einer solchen Bahn sind. Dann gilt $x_i \neq x_{i+1}$ für alle i; es kann aber durchaus sein, dass $x_i = x_j$ für $|i-j| \geq 2$ gilt. Wenn wir periodische Bahnen zählen, dann unterscheiden wir nicht zwischen einer Bahn $(x_1 \ldots x_n)$, ihren zyklischen Vertauschungen $(x_2,\ldots,x_n,x_1)$ und derselben Bahn in umgekehrter Reihenfolge $(x_n,x_{n-1}\ldots,x_1)$. Für unsere Diskussion 2-periodischer Billardbahnen gilt dies alles trivialerweise.

Wir parametrisieren die Kurve γ durch eine reskalierte Winkelvariable (also durch den Einheitskreis $S^1 = \mathbf{R}/\mathbf{Z}$), sodass wir die Punkte x_i als reelle Zahlen modulo ganzer Zahlen betrachten können. Wir wollen den Raum der n-gone betrachten, die γ eingeschrieben sind. Und zwar betrachten wir den *Raum der zyklischen Konfigurationen* $G(S^1,n)$, der aus n-Tupeln $(x_1 \ldots x_n)$ mit $x_i \in S^1$ und $x_i \neq x_{i+1}$ für $i = 1,\ldots,n$ besteht.[1] Die Umfangslänge eines Polygons ist eine glatte Funktion L auf $G(S^1,n)$, und ihre kritischen Punkte entsprechen n-periodischen Billardbahnen.

Wir betrachten die beiden linken 5-periodischen Bahnen aus Abb. 6.2. Offensichtlich sind sie topologisch verschieden. Was sie unterscheidet, ist die folgendermaßen definierte *Windungszahl*. Wir betrachten eine Konfiguration $(x_1,x_2,\ldots,x_n) \in G(S^1,n)$. Für alle i gilt $x_{i+1} = x_i + t_i$ mit $t_i \in (0,1)$; anders als die x_i sind die reellen Zahlen t_i wohldefiniert. Da die Konfiguration geschlossen ist, gilt $t_1 + \cdots + t_n \in \mathbf{Z}$. Diese ganze Zahl, die Werte zwischen 1 und $n-1$ annimmt, heißt Windungszahl der Konfiguration und wird mit ρ bezeichnet.

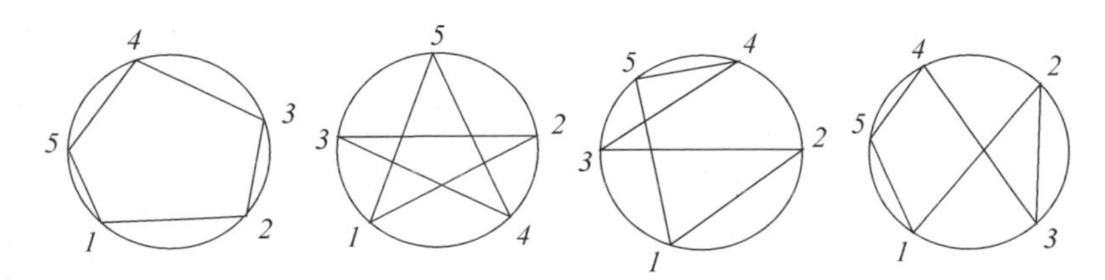

Abb. 6.2 Windungszahl einer periodischen Billardbahn

[1] Ein konventionellerer Konfigurationsraum $F(X,n)$ eines topologischen Raumes X besteht aus n-Tupeln $(x_1,\ldots,x_n)$ mit $x_i \neq x_j$ für alle $i \neq j$.

Ändern wir die Orientierung einer Konfiguration, so wird aus der Windungszahl ρ die Windungszahl $n-\rho$. Da wir nicht zwischen entgegengesetzten Orientierungen einer Konfiguration unterscheiden, gehen wir davon aus, dass ρ Werte zwischen 1 und $\lfloor (n-1)/2 \rfloor$ annimmt. Für die 5-periodische Bahn links außen in Abb. 6.2 gilt $\rho = 1$, für die anderen drei Bahnen gilt $\rho = 2$.

Der Konfigurationsraum $G(S^1, n)$ ist nicht zusammenhängend; seine Zusammenhangskomponenten sind durch die Windungszahl nummeriert. Jede Komponente ist topologisch das Produkt von S^1 und einer $(n-1)$-dimensionalen Kugel. Der nachfolgende Satz von Birkhoff besagt, dass die Umfangslängenfunktion in jeder Zusammenhangskomponente mindestens zwei Extrema besitzt.

Satz 6.1 *Für jedes $n \geq 2$ und $\rho \leq \lfloor (n-1)/2 \rfloor$, das mit n teilerfremd ist, existieren zwei geometrisch verschiedene n-periodische Billardbahnen mit der Windungszahl ρ.*

Für den Fall, dass ρ mit n nicht teilerfremd ist, erhält man möglicherweise eine n-periodische Bahn, die ein Vielfaches einer periodischen Bahn mit einer kleineren Periode ist.

Beweis. (Skizze) Wie im Fall $n = 2$ lässt sich eine der periodischen Bahnen relativ leicht bestimmen. Dazu legen wir eine Zusammenhangskomponente M des zyklischen Konfigurationsraumes zu einer gegebenen Windungszahl fest und betrachten ihren Abschluss $\overline{M}$ im Raum $S^1 \times \cdots \times S^1$. Dieser Abschluss enthält entartete Polygone mit weniger als n Seiten.

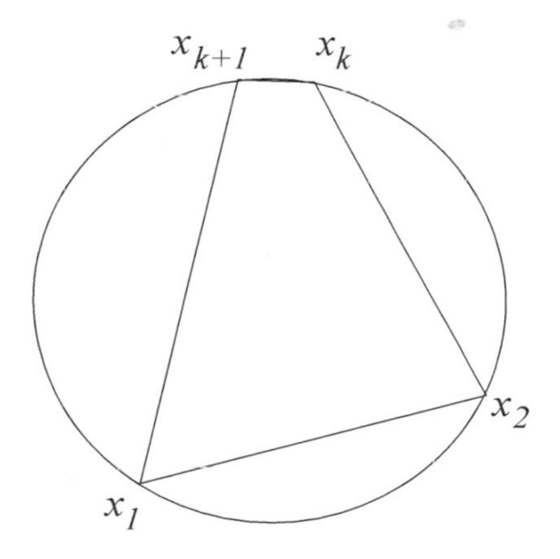

Abb. 6.3 Den Umfang eines Polygons erhöhen

Die Umgangslängenfunktion L hat in $\overline{M}$ ein Maximum. Wir wollen zeigen, dass dieses Maximum an einem inneren Punkt angenommen wird, also nicht auf einem k-gon mit $k < n$. Gemäß der Dreiecksungleichung nimmt der Umfang eines k-gons tatsächlich zu, wenn man die Anzahl der Seiten erhöht (vgl. Abb. 6.3). So erhalten wir eine n-periodische Bahn $(x_1, \ldots, x_n)$, die dem Maximum der Funktion L entspricht.

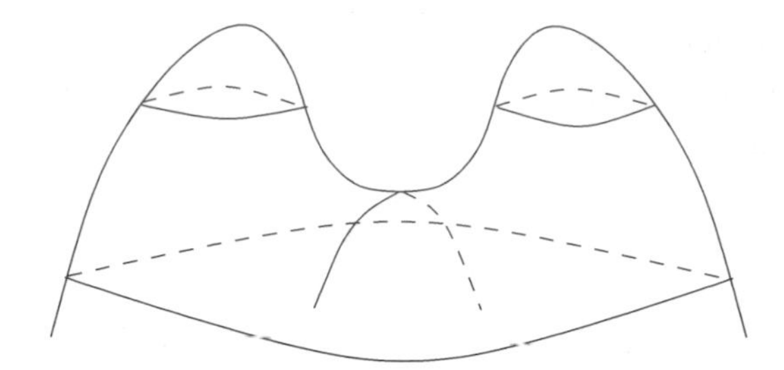

Abb. 6.4 Ein kritischer Punkt in Form eines Bergpasses (Sattelpunkt)

Um einen weiteren kritischen Punkt von L in M zu bestimmen, verwenden wir das Minimax-Prinzip. Bedenken Sie, dass $(x_2, \ldots, x_n, x_1)$ ebenfalls ein Maximum der Funktion L ist. Wir verbinden die beiden Maxima durch eine Kurve im Innern von $\overline{M}$ und betrachten das Minimum von L auf dieser Kurve. Wir bilden das Maximum dieser Minima über alle diese Kurven. Auch das ist ein kritischer Punkt von L, und zwar einer, der sich von dem ersten Maximum unterscheidet (vgl. Abb. 6.4). Eine komplizierte Angelegenheit ist es zu zeigen, dass dieser kritische Punkt nicht auf dem Rand von $\overline{M}$ liegt. Dies ergibt sich aus der in Abb. 6.3 illustrierten Tatsache, dass die Funktion L wächst, wenn man sich vom Rand entfernt. □

Abbildung 6.5 illustriert das Argument für $n = 2$. Der Raum $G(S^1, 2)$ ist einfach der Phasenraum der Billardkugelabbildung, also ein Zylinder. Die Funktion verschwindet auf beiden Randkreisen; ihr Gradient ist entlang des Randes nach Innen gerichtet und hat im Innern mindestens zwei Nullstellen.

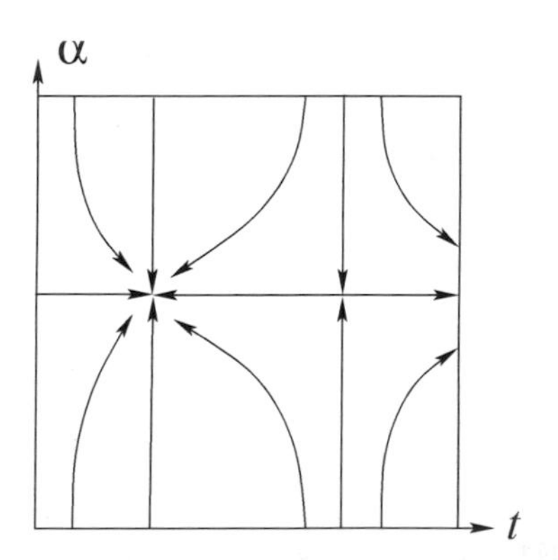

Abb. 6.5 Gradient der Sehnenlängenfunktion

Es kann gut sein, dass ein Billard eine Schar n-periodischer Bahnen besitzt; dies ist beispielsweise bei integrablen Billards im Innern von Ellipsen der Fall. Bilden die kritischen Punkte einer Funktion eine Kurve, so bleibt der Wert der Funktion auf dieser Kurve konstant. Daraus ergibt sich, dass die Umfangslängen der Billardbahnen in einer 1-parametrigen Schar konstant sind. Zum Beispiel hat ein Tisch konstanter Breite eine Schar 2-periodischer Billardbahnen. Tische mit einer 1-parametrigen Schar 3-periodischer Bahnen werden in Innami [55] konstruiert.

Auch wenn n-periodische Bahnen in 1-parametrigen Scharen vorkommen können, so bilden sie keine Menge mit positivem Flächeninhalt. Dies ist eine alte Folgerung, die sich für $n = 2$ leicht beweisen lässt und auch für $n = 3$ bewiesen wurde (vgl. Rychlik [88]).

Vergegenwärtigen Sie sich, dass der letzte Beweis nur für streng konvexe Kurven γ funktioniert. Abbildung 6.6 zeigt zwei Billardtische: Der erste hat keine 2-periodischen Bahnen und der zweite keine 3-periodischen Bahnen. Wie in Benci und Giannoni [10] angegeben, hat ein allgemeines ebenes Gebiet mit einem glatten Rand entweder 2- oder 3-periodische Billardbahnen. Einen einfachen Beweis kenne ich für dieses Resultat nicht.

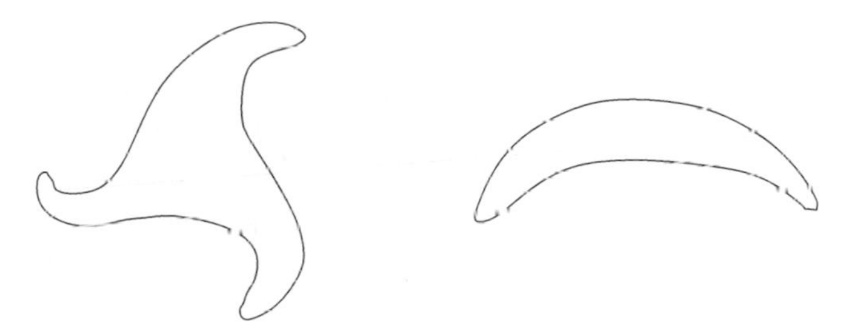

Abb. 6.6 Billardtische ohne 2- und 3-periodische Billardbahnen

6.1 Exkurs: Fixpunktsatz von Poincaré und Birkhoff. Einen anderen Ansatz zur Betrachtung periodischer Billardbahnen in einer streng konvexen glatten ebenen Kurve liefert der Fixpunktsatz von Poincaré und Birkhoff, den Poincaré kurz vor seinem Tod entdeckte und G. Birkhoff im Jahr 1917 bewies.

Wir nehmen an, dass die Länge der Billardkurve 1 ist. Die Billardkugelabbildung T ist eine Transformation des Phasenzylinders $M = S^1 \times [0,\pi]$, welche die Ränder $\alpha = 0$ und $\alpha = \pi$ festhält. Wir können T zu einer Abbildung $\widetilde{T}$ des Streifens $\widetilde{M} = \mathbf{R} \times [0,\pi]$ heben. Wählen wir die Abbildung $\widetilde{T}$ so, dass der untere Rand $\alpha = 0$ fest ist, so ist $\widetilde{T}(t) = t+1$ am oberen Rand $\alpha = \pi$.

Sei R die Einheitsparallelverschiebung des Streifens nach links, also $R(t,\alpha) = (t-1,\alpha)$. Dann sind die n-periodischen Bahnen von T mit der Windungszahl ρ genau die Fixpunkte der Abbildung $\widetilde{T}^n R^{-\rho}$. Daher ergibt sich Satz 6.2 aus Poincarés letztem Satz.

Satz 6.2 *Eine flächentreue Transformation eines Kreisringes, die die Randkreise in entgegengesetzte Richtungen dreht, hat mindestens zwei verschiedene Fixpunkte.*

Beweis. Wir beweisen die Existenz eines Fixpunktes, das ist der schwerste – und überraschendste – Teil des Beweises (die Existenz des zweiten Fixpunktes ergibt sich aus einem topologischen Standardargument, das mit der Euler-Charakteristik zusammenhängt).

Wir nehmen an, dass $\widetilde{T}$ den unteren Rand nach links und den oberen nach rechts bewegt. Angenommen, es gibt keine Fixpunkte. Dann betrachten wir das Vektorfeld $v(x) = \widetilde{T}(x) - x,\ x \in \widetilde{M}$. Der Punkt x soll sich entlang einer einfachen Kurve γ vom unteren zum oberen Rand bewegen, und sei r die Drehung des Vektors $v(x)$. Diese Drehung ist von der Form $\pi + 2\pi k,\ k \in \mathbf{Z}$. Da sich jeder Bogen γ stetig zu einem anderen Bogen deformieren lässt, hängt r nicht von der Wahl des Bogens γ ab. Tatsächlich ändert sich r unter einer stetigen Transformation stetig; da r ein ganzzahliges Vielfaches von π ist, muss r konstant sein.

Bedenken Sie außerdem, dass $\widetilde{T}^{-1}$ dieselbe Drehung r hat, da für $y = \widetilde{T}(x)$ der Vektor $\widetilde{T}^{-1}(y) - y$ entgegengesetzt zu $\widetilde{T}(x) - x$ ist.

Zur Berechnung von r sei $\varepsilon > 0$ kleiner als $|\widetilde{T}(x), x|$ für alle $x \in \widetilde{M}$; ein solches ε existiert aufgrund der Kompaktheit des Zylinders. Sei F_ε die vertikale Verschiebung der Ebene durch ε, und sei $\widetilde{T}_\varepsilon = F_\varepsilon \circ \widetilde{T}$. Wir betrachten den Streifen $S_\varepsilon = \mathbf{R} \times [0, \varepsilon]$. Seine Bilder unter $\widetilde{T}_\varepsilon$ sind disjunkt. Da $\widetilde{T}_\varepsilon$ flächentreu ist, schneidet ein iteriertes Bild von S_ε den oberen Rand. Sei k die kleinstmögliche Anzahl benötigter Iterationen, und sei P_k der oberste Punkt des oberen Randes dieser k-ten Iteration. Sei $P_0, P_1, ..., P_k$ die zugehörige Bahn mit P_0 am unteren Rand von S. Wir verbinden P_0 und P_1 durch einen Geradenabschnitt und betrachten seine aufeinanderfolgenden Bilder: dies ergibt einen einfachen Bogen γ (vgl. Abb. 6.7). Für hinreichend kleine ε ist die Drehung r nahezu so groß wie die Windungszahl des Bogens γ. Für $\varepsilon \to 0$ gilt: $r = -\pi$.

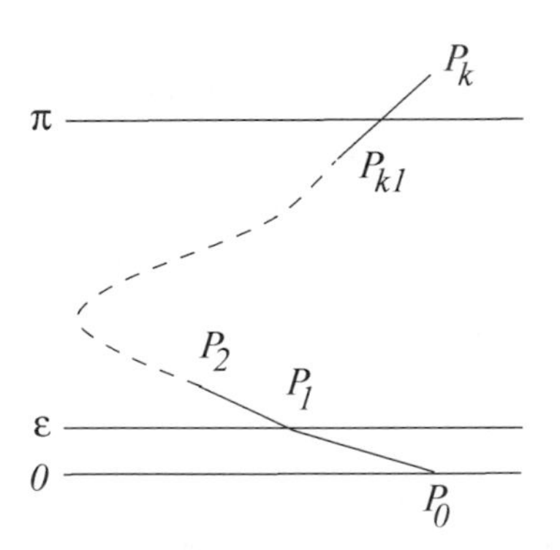

Abb. 6.7 Der Beweis des Fixpunktsatzes von Poincaré und Birkhoff

Nun betrachten wir die Abbildung T^{-1}. Anders als T bewegt sie den unteren Rand von $\widetilde{M}$ nach rechts und den oberen nach links. Aus demselben Argument wie vorhin ergibt sich, dass die Drehung gleich π ist. Wie oben festgestellt, ist diese Drehung aber auch gleich der Drehung von T. Dies ist ein Widerspruch. □

Übung 6.2 Konstruieren Sie eine Abbildung eines Kreisringes, welche die Randkreise in entgegengesetzte Richtungen bewegt und keine Fixpunkte hat.

Der Fixpunktsatz von Poincaré und Birkhoff ist vermutlich das erste Resultat der symplektischen Topologie. Inzwischen ist die symplektische Topologie ein außerordentlich aktives Forschungsgebiet mit gut ausgebauten Techniken (vgl. [7, 67]). In diesem Zusammenhang sei exemplarisch ein Resultat erwähnt, das mit dem Fixpunktsatz von Poincaré und Birkhoff verwandt ist: Eine flächentreue glatte Transformation des Torus T^2, die den Schwerpunkt fest lässt, hat mindestens 3 und im Allgemeinen 4 Fixpunkte. (Für eine symplektische Transformation von T^{2n}, die den Schwerpunkt fest lässt, sind die entsprechenden Zahlen $2n+1$ und 4^n. Dies ist der berühmte Satz von Conley und Zehnder, der von V. Arnold in den 1960er Jahren vermutet wurde.) ♣

6.2 **Exkurs: Periodische Birkhoff-Bahnen und Aubry-Mather-Theorie.** Satz 6.1 lässt sich auf flächentreue Twistabbildungen des Zylinders übertragen. Wie vorhin hebt man die Zylinderabbildung T auf eine Abbildung $\widetilde{T}$ eines unendlichen Streifens $\widetilde{M}$. Wir nehmen an, dass die Einschränkungen von $\widetilde{T}$ auf die unteren und oberen Ränder Verschiebungen $t \mapsto t + c_1$ und $t \mapsto t + c_2$ sind (tatsächlich reicht es aus anzunehmen, dass die Einschränkungen von $\widetilde{T}$ auf den Rand in irgendeiner Koordinate auf dem Rand diese Form haben). Das Intervall (c_1, c_2) heißt Twistintervall der Twistabbildung T; es ist bis auf eine Verschiebung um eine ganze Zahl wohldefiniert.

Nach einer Erweiterung von Satz 6.1 hat die Twistabbildung für jede vollständig gekürzte rationale Zahl $p/n \in (c_1, c_2)$ mindestens zwei n-periodische Bahnen mit der Windungszahl ρ. Darüber hinaus kann man annehmen, dass die auf $\widetilde{M}$ gehobenen ersten Koordinaten der Punkte der Bahn monoton wachsend sind. Solche periodischen Bahnen heißen Birkhoff-Bahnen.

Ist α eine irrationale Zahl aus dem Twistintervall, so kann man ihre rationale Näherung $\rho_k/n_k \to \alpha$, $k \to \infty$ betrachten. Die periodischen Birkhoff-Bahnen bilden dann eine invariante Menge S, und die Abbildung T wirkt auf dieser Menge als Drehung um α. Diese invariante Menge liegt auf dem Graphen einer stetigen Funktion (vgl. Satz von Birkhoff aus Kapitel 5, der besagt, dass ein invarianter Kreis einer Twistabbildung ein Graph ist). Die Menge S kann ein invarianter Kreis sein oder auch eine Cantor-Menge. Solche Mengen heißen Aubry-Mather-Mengen. Die Aubry-Mather-Theorie ist unter anderem durch die Festkörperphysik motiviert. ♣

Nun wollen wir kurz über die vorliegenden mehrdimensionalen Resultate sprechen. Sei $Q \subset \mathbf{R}^m$ eine glatte streng konvexe geschlossene Billardhyperfläche. Wir sind an der Mindestanzahl der n-periodischen Billardbahnen im Innern von Q interessiert. Im Gegensatz zum ebenen Fall $m = 2$ ist nun die Windungszahl einer Bahn nicht definiert.

Der Fall $n = 2$ ist wiederum relativ einfach: Bei einer konvexen Hyperfläche gibt es mindestens m verschiedene Durchmesser. Diese Tatsache wird wie im ebenen Fall bewiesen. Man betrachtet in jeder Richtung die Breite Q in dieser Richtung; das liefert eine glatte Funktion auf dem projektiven Raum $\mathbf{RP}^{m-1}$. Aus der Morsetheorie ist bekannt (vgl. nachfolgenden Exkurs 6.3), dass eine Funktion auf $\mathbf{RP}^{m-1}$ nicht mehr als m kritische Punkte hat. Und daraus ergibt sich das Resultat.

Der Fall $n \geq 3$ ist wesentlich schwieriger. Man hat ihn erst kürzlich untersucht (vgl. [36, 37]). Hier ist ein Resultat: Für eine allgemeine Hyperfläche Q ist die Anzahl der n-periodischen Billardbahnen nicht kleiner als $(n-1)(m-1)$. Der Beweis besteht darin, die Anzahl der kritischen Punkte der Umfangslängenfunktion auf dem zyklischen Konfigurationsraum $G(S^{m-1}, n)$ und auf dem zugehörigen Quotientenraum bezüglich der Diedergruppe D_n abzuschätzen. (Die Diedergruppe D_n ist die Symmetriegruppe der gleichmäßigen n-gone.) Die Hauptschwierigkeit besteht in der Beschreibung der Topologie dieser Räume. Vergegenwärtigen Sie sich, dass sich $G(S^{m-1}, 2)$ auf S^{m-1} und $G(S^{m-1}, 2)/\mathbf{Z}_2$ auf $\mathbf{RP}^{m-1}$ zurückzieht.

6.3 **Exkurs: Morsetheorie.** Die Morsetheorie liefert untere Schranken für die Anzahl der kritischen Punkte einer glatten Funktion f auf einer glatten Mannigfaltigkeit M anhand der Topologie von M (vgl. [19, 68]).

An einem kritischen Punkt beginnt die Taylor-Reihe einer Funktion $f(x_1, \ldots, x_n)$ mit einer quadratischen Form. Nach einem Koordinatenwechsel kann diese quadratische Form als $x_1^2 + \cdots + x_p^2 - x_{p+1}^2 - \cdots - x_{p+q}^2$ geschrieben werden. Im Fall $p + q = n$ nennt man den kritischen Punkt nicht-entartet, und q ist der *Morseindex* dieses kritischen Punktes[2]. Eine Funktion, deren kritische Punkte alle nicht-entartet sind, heißt Morsefunktion. Eine allgemeine glatte Funktion ist eine Morsefunktion.

Sei M^n eine glatte, kompakte Mannigfaltigkeit ohne Rand, und sei t eine formale Variable. Wir ordnen einer Morsefunktion $f : M \to \mathbf{R}$ eine Zählfunktion zu:

$$P_t(f) = a_0 + a_1 t + a_2 t^2 + \cdots + a_n t^n .$$

Dabei ist a_i die Anzahl der kritischen Punkte von f mit dem Morseindex i.

Übung 6.3 Betrachten Sie die Funktion auf der Einheitssphäre $\mathbf{R}^n$, die durch die Gleichung

$$f(x) = \sum_{i=1}^{n} \lambda_i x_i^2$$

mit $\lambda_1 < \cdots < \lambda_n$ gegeben ist. Bestimmen Sie die kritischen Punkte dieser Funktion sowie ihre Morseindizes, und berechnen Sie $P_t(f)$.

---

[2] Für zwei Variablen entspricht die Klassifikation nach dem Morseindex dem herkömmlichen Test mithilfe der zweiten Ableitung aus der Analysis.

Wir ordnen auch der Mannigfaltigkeit M eine Zählfunktion zu:

$$P_t(M) = b_0 + b_1 t + b_2 t^2 + \cdots + b_n t^n .$$

Dabei ist b_i die i-te Bettizahl, also der Rang der i-ten Homologiegruppe von M. Eine Kurzform der Morseungleichungen lautet folgendermaßen:

$$P_t(f) = P_t(M) + (1+t)Q_t . \tag{6.1}$$

Q_t ist dabei ein Polynom in t mit nicht-entarteten Koeffizienten. Setzen wir insbesondere $t = 1$, so stellen wir fest, dass die Anzahl der kritischen Punkte einer Morsefunktion kleiner ist als die Summe der Bettizahlen von M. Für $M = \mathbf{RP}^{n-1}$ ist die Summe gleich n. Für eine Fläche M vom Geschlecht g, also eine Sphäre mit g Henkeln, ist die Summe der Bettizahlen $2g+2$.

Setzen wir in (6.1) $t = -1$, so ergibt sich

$$\sum(-1)^i a_i = \sum(-1)^i b_i = \chi(M) ,$$

die Euler-Charakteristik von M.

Übung 6.4 Eine Morsefunktion auf einem zweidimensionalen Torus T hat mindestens 4 kritische Punkte: Maximum, Minimum und zwei Sattelpunkte. Konstruieren Sie eine glatte Funktion auf T^2 mit nur drei kritischen Punkten.

Wir besprechen nun eine einfache Anwendung der Morseungleichungen in der Geometrie. Dazu betrachten wir M, eine Fläche vom Geschlecht g im $\mathbf{R}^3$. Sei P ein allgemeiner Punkt im Raum. Wie viele Normalen von P an M gibt es? Diese Normalen gehören zu den kritischen Punkten der Abstandsfunktion von P zu einem Punkt von M, und deshalb existieren mindestens $2g+2$ solcher Normalen.

Genauso können wir Doppelnormalen einer Fläche M betrachten, d. h. Sehnen, die an beiden Endpunkten senkrecht auf M stehen (das sind Verallgemeinerungen von 2-periodischen Billardbahnen). Dieses Problem wurde erst kürzlich gelöst (vgl. Pushkar [83]). Das Resultat lautet: Hat M das Geschlecht g, so existieren mindestens $2g^2 + 5g + 3$ Doppelnormalen, und diese Schätzung ist scharf. Beispielsweise hat jeder Torus im Raum mindestens 10 Doppelnormalen. Auf dieses Ergebnis kommt man auch mithilfe der Morsetheorie.

Es gibt verschiedene Beweise von Morseungleichungen. Eine Strategie ist, die Gradientenflussfunktion f (bezüglich einer allgemeinen Metrik auf M) zu betrachten. Die Bahn jedes Punktes in diesem Fluss hat einen Grenzpunkt, und dieser Grenzpunkt ist ein kritischer Punkt von f. Somit wird M in Einzugsgebiete dieser kritischen Punkte unterteilt. Jede dieser Mengen ist topologisch eine Scheibe, deren Dimension so groß ist wie der Morseindex des zugehörigen kritischen Punktes. Dieser Sachverhalt ist in Abb. 6.8 illustriert. Eine topologisch komplizierte Mannigfaltigkeit lässt

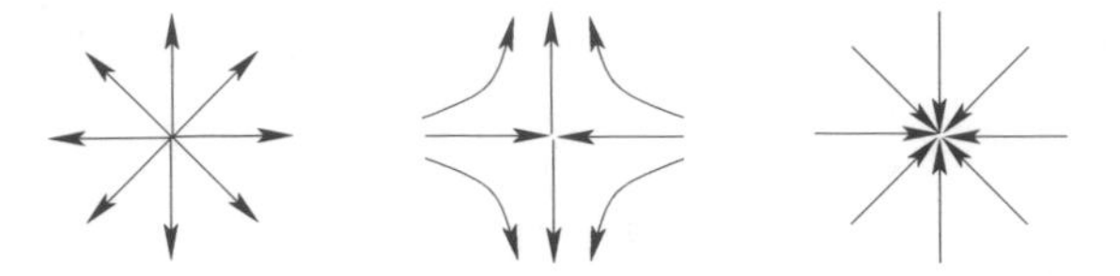

Abb. 6.8 Kritische Punkte mit den Morseindizes 0, 1 und 2

sich nicht in eine kleine Anzahl solcher Scheiben unterteilen. Gibt es zum Beispiel nur zwei kritische Punkte, Maximum und Minimum, so ist M eine Sphäre. Mithilfe der algebraischen Topologie lässt sich diese qualitative Aussage in einer präzisen Form (6.1) formulieren.

Eine andere Herangehensweise an Morseungleichungen ist, die Menge $M_c \subset M$ zu betrachten, die aus den Punkten x besteht, an denen $f(x) \leq c$ gilt. Ist c kein kritischer Wert der Funktion f, so ist M_c eine Untermannigfaltigkeit mit dem Rand $f = c$. Für sehr kleine c ist die Untermannigfaltigkeit M_c leer, und für sehr große c ist sie die gesamte Mannigfaltigkeit M. Ändert sich c von $-\infty$ bis ∞, so ändert sich auch die Untermannigfaltigkeit M_c. Veränderungen treten aber nur dann auf, wenn c einen kritischen Punkt passiert. Was in diesem Moment passiert, lässt sich genau analysieren; dieses Problem ist lokal, und die Antwort hängt vom Morseindex des entsprechenden kritischen Punktes ab. Und zwar lässt sich die Untermannigfaltigkeit $M_{c+\varepsilon}$ für einen Morseindex q zu einer Untermannigfaltigkeit $M_{c-\varepsilon}$ deformieren, die mit einer q-dimensionalen Scheibe verbunden ist (vgl. Abb. 6.9). Die sich daraus ergebenden topologischen Einschränkungen für M sind wieder in den Morseungleichungen (6.1) versteckt.

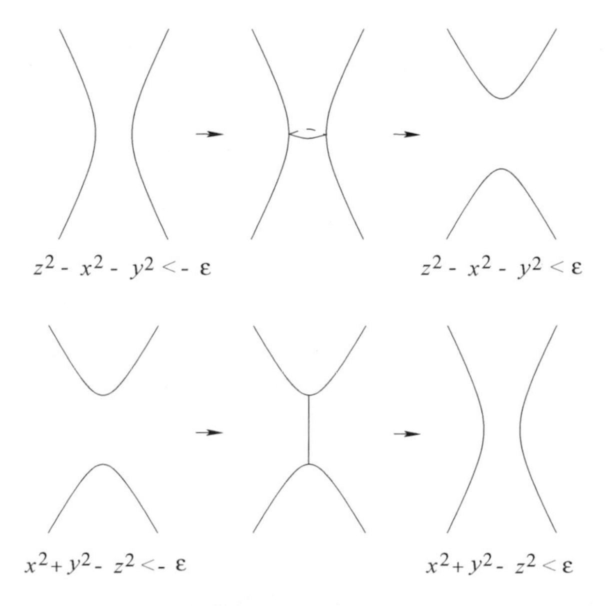

Abb. 6.9 Zerschneiden der Untermannigfaltigkeit einer Funktion an ihren kritischen Punkten

Eine der Hauptmotivationen der Morsetheorie war das Problem der geschlossenen Geodäten auf Riemann'schen Mannigfaltigkeiten. Geschlossene Geodäten sind kritische Punkte des Längenfunktionals

$$\mathscr{L}(\gamma) = \int |\gamma'(t)|\, dt$$

auf dem Raum der geschlossenen parametrisierten Kurven $\gamma(t)$ in M. Allerdings ist es günstiger, das Energiefunktional

$$\mathscr{E}(\gamma) = \int |\gamma'(t)|^2\, dt$$

zu betrachten, weil seine kritischen Punkte nach der Bogenlänge parametrisierte Geodäten sind. Der Raum der Kurven ist unendlich-dimensional, die Morsetheorie ist also auf dieses Szenario zugeschnitten.

Als ein Beispielresultat sei der Satz von Lyusternik und Fet erwähnt, demzufolge jede geschlossene Riemann'sche Mannigfaltigkeit mindestens eine geschlossene Geodäte hat. Ein anderes, wesentlich neueres Resultat besagt, dass eine zweidimensionale Sphäre mit einer Riemann'schen Metrik immer unendlich viele geschlossene Geodäten besitzt. Periodische Billardbahnen sind diskrete Gegenstücke geschlossener Geodäten, und die Morsetheorie spielt logischerweise bei ihrer Untersuchung eine prominente Rolle. Methoden der Morsetheorie spielen auch in der modernen symplektischen Topologie eine wichtige Rolle. ♣

Kapitel 7
Billard in Polygonen

Wir wollen an das Thema des letzten Kapitels anknüpfen und nun periodische Billardbahnen in Polygonen untersuchen. Dazu betrachten wir zuerst ein spitzwinkliges Dreieck. Die Bahn aus der folgenden elementaren geometrischen Konstruktion nennt man Fagnano-Billardbahn.

Lemma 7.1 *Das Dreieck, das die Fußpunkte der drei Höhen verbindet, ist eine 3-periodische Billardbahn (vgl. Abb. 7.1).*

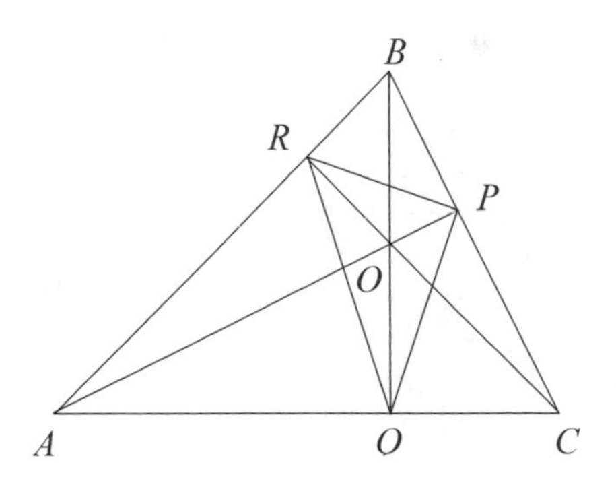

Abb. 7.1 Fagnano-Billardbahn in einem spitzwinkligen Dreieck

Beweis. Das Viereck $BPOR$ hat zwei rechte Winkel; daher ist es einem Kreis eingeschrieben. Die Winkel APR und ABQ gehören zu demselben Kreisbogen dieses Kreises; deshalb sind sie gleich. Aus demselben Grund sind die Winkel APQ und ACR gleich. Wir müssen nur noch zeigen, dass die Winkel ABQ und ACR gleich sind. Tatsächlich ergänzen beide den Winkel BAC zu $\pi/2$, und es ergibt sich die Behauptung. □

Vergegenwärtigen Sie sich, dass sich der Abstand zwischen Parallelen bei einer Spiegelung an einem flachen Spiegel nicht ändert. Daraus folgt, dass periodische Billardbahnen in einem Polygon nie isoliert auftreten: Eine periodische Bahn mit gerader Periode gehört zu einer 1-parametrigen Schar paralleler periodischer Bahnen mit derselben Länge und Periode, und eine periodische Bahn mit ungerader Periode liegt in einem Streifen aus Bahnen, deren Periode und Länge doppelt so groß ist (vgl. Abb. 7.2).

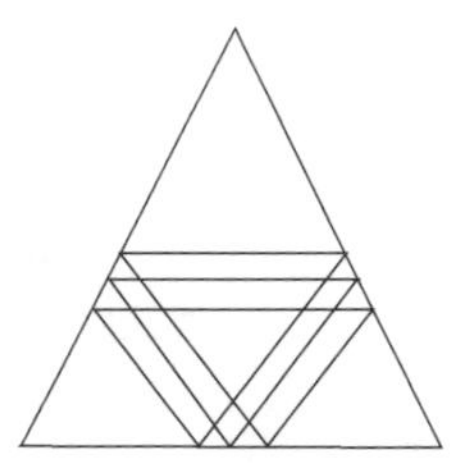

Abb. 7.2 Ein Streifen aus parallelen periodischen Billardbahnen

Übung 7.1 **a)** Sei P ein konvexes Viereck mit einer 4-periodischen Fagnano-Billardbahn, die nacheinander an allen vier Seiten reflektiert wird. Beweisen Sie, dass P einem Kreis eingeschrieben ist.
b) Bestimmen Sie eine notwendige Bedingung für die Existenz einer solchen n-periodischen Billardbahn in einem n-gon mit geradem n.

Die Fagnano-Bahn entartet, wenn das Dreieck rechtwinklig wird. Jedes rechtwinklige Dreieck enthält auch eine periodische Billardbahn (Konstruktionen finden Sie in [42, 53]). Die folgende Konstruktion ist die einfachste Konstruktion; publiziert wurde sie von R. Schwartz.

Übung 7.2 Beweisen Sie, dass Abb. 7.3 tatsächlich eine 6-periodische Billardbahn in einem rechtwinkligen Dreieck zeigt.

Um in einem polygonalen Billardtisch periodische Bahnen zu konstruieren, die senkrecht von einer Seite reflektiert werden und in derselben Richtung zu derselben Seite zurückkehren, brauchen wir ein Resultat, das bereits für sich genommen interessant ist und zahlreiche Anwendungen hat.

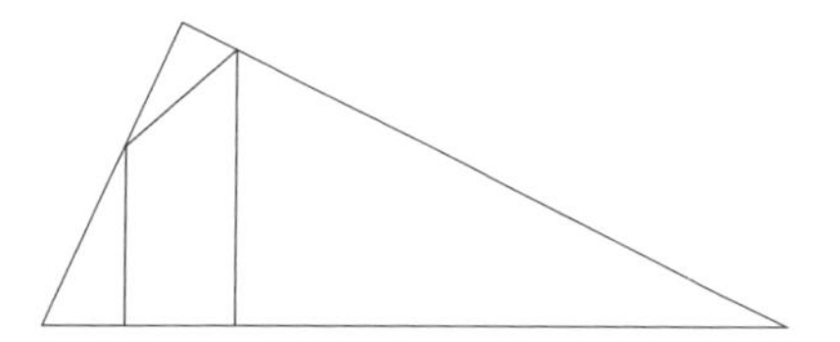

Abb. 7.3 Eine periodische Billardbahn in einem rechtwinkligen Dreieck

7.1 **Exkurs: Poincaré'scher Wiederkehrsatz.** Dieser Satz bezieht sich auf eine sehr allgemeine Situation, die bei Anwendungen oft vorkommt, insbesondere in der Mechanik.

Satz 7.1 *Sei T eine volumentreue Transformation eines Raumes mit einem endlichen Volumen. Zu jeder Umgebung U eines gegebenen Punktes existiert dann ein Punkt $x \in U$, der zu dieser Umgebung zurückkehrt: $T^n(x) \in U$ für ein positives n. Das Volumen der Menge der Punkte in U, die nie zu U zurückkehren, ist null.*

Beweis. Wir betrachten die aufeinanderfolgenden Bilder $U, T(U), T^2(U), \ldots$ Ihre positiven Volumina sind gleich. Da das Gesamtvolumen endlich ist, überschneiden sich manche Bilder. Folglich gilt für $k > l \geq 0$. $T^k(U) \cap T^l(U) \neq \emptyset$. Deshalb ist $T^{k-l}(U) \cap U \neq \emptyset$. Sei $T^{k-l}(x) = y$ für $x, y \in U$. Dann ist x der gesuchte Punkt mit $n = k - l$.

Sei $V \subset U$ die Menge der Punkte, die nie zu U zurückkehren. Für jedes $n > 0$ gilt: $T^n(V) \cap V = \emptyset$; anderenfalls würde ein Punkt von V zu V zurückkehren, und daher zu U. Folglich sind die Mengen $V, T(V), T^2(V), \ldots$ disjunkt, und wie vorhin schlussfolgern wir, dass das Volumen V gleich null ist. □

Als unmittelbare Anwendung kommen wir auf die Falle für ein paralleles Lichtbündel aus Kapitel 4 zurück (vgl. Abb. 4.2 auf Seite 51). Die dort gestellte Frage können wir nun negativ beantworten: Eine Menge U von Lichtstrahlen mit einem positiven Flächeninhalt kann nicht eingefangen werden.

Nehmen wir dagegen an, dass eine solche Falle existiert. Wir verschließen das Eintrittsfenster mit einer reflektierenden Kurve δ, sodass sich ein Billardtisch ergibt. Der Phasenraum dieses Billards hat einen endlichen Flächeninhalt, und die Billardkugelabbildung T ist flächentreu. Wir betrachten die einfallenden Strahlen aus der Menge U als Phasenpunkte, deren Fußpunkte auf δ liegen. Nach dem Poincaré'schen Wiederkehrsatz existiert ein Phasenpunkt in U, dessen T-Bahn zu U zurückkehrt. Dies bedeutet, dass der entsprechende Lichtstrahl schließlich auf δ trifft und aus der Falle tritt. Das ist ein Widerspruch.[1]

Der Poincaré'sche Wiederkehrsatz hat paradoxe Konsequenzen. Betrachten wir zwei aneinandergrenzende Kammern. Eine Kammer ist mit Gasmolekülen gefüllt, in

[1] Es ist nicht bekannt, ob sich für ein paralleles Lichtbündel eine polygonale Falle konstruieren lässt.

der anderen ist Vakuum. Wenn wir ein Loch in die Zwischenwand bohren, verteilen sich die Gasmoleküle gleichmäßig in beiden Kammern. Nach dem Poincaré'schen Wiederkehrsatz sollten nach einer gewissen Zeit alle Moleküle wieder in die erste Kammer zurückkehren.[2] Natürlich würde das sehr, sehr lange dauern! ♣

Nun wollen wir auf periodische Billardbahnen in Polygonen zurückkommen. Ein Polygon heißt *rational*, wenn seine Winkel alle rationale Vielfache von π sind. Die Billardbahn in einem rationalen Polygon P kann nur endlich viele verschiedene Richtungen haben. Um diese Richtungen zu verfolgen, führen wir eine Gruppe $G(P)$ ein. Zu jeder Seite von P zeichnen wir eine parallele Gerade, die durch den Ursprung verläuft. Sei $G(P)$ die Gruppe der linearen Isometrien der Ebene, die durch Reflexionen an diesen Geraden erzeugt wird. Wird eine Billardkugel an einer Seite reflektiert, so wird die Richtung ihrer Bahn durch die Wirkung von $G(P)$ geändert.

Für ein rationales Polygon ist die Gruppe $G(P)$ endlich. Die Winkel des Polygons seien $\pi m_i/n_i$ mit teilerfremden m_i und n_i, und sei N das kleinste gemeinsame Vielfache der Nenner n_i. Dann wird die Gruppe $G(P)$ durch Reflexionen an den Geraden durch den Ursprung erzeugt, die sich mit den Winkeln π/N treffen; das ist die Diedergruppe D_N (die Gruppe der Symmetrien des regelmäßigen N-gons). Diese Gruppe hat $2N$ Elemente, und die Bahn eines allgemeinen Punktes $\theta \neq k\pi/N$ auf dem Kreis (gegeben durch die Richtungen) besteht aus $2N$ verschiedenen Richtungen. Somit kann eine Billardbahn in P höchstens $2N$ verschiedene Richtungen haben.

Dementsprechend unterteilt sich der zweidimensionale Phasenraum in invariante eindimensionale Unterräume, die zu verschiedenen Richtungen von Billardbahnen gehören. Jeder dieser Unterräume hat ein invariantes Längenelement, nämlich die Breite eines parallelen Strahlenbündels.

Daraus ergibt sich, dass man in rationalen Polygonen periodische Billardbahnen einer sehr speziellen Art konstruieren kann. Nach dem Poincaré'schen Wiederkehrsatz gibt es einen Phasenpunkt in U, der zu U zurückkehrt. Die entsprechende Bahn beginnt auf einer Seite a in senkrechter Richtung und kehrt auch zu a in senkrechter Richtung zurück. Nach der Reflexion an a legt die Billardkugel denselben Weg zurück, diesmal aber in umgekehrter Richtung. Folglich ist die Bahn periodisch.

Wir werden später mehr über rationale Polygone sagen; in Wirklichkeit ist das die einzige Klasse von Polygonen, für die das Billardsystem relativ gut verstanden ist. Und nun konstruieren wir wie in Cipra et al. [31] weitere periodische Bahnen in rechtwinkligen Dreiecken.

Satz 7.2 *Fast jede (im Sinne eines Maßes) Billardbahn, die auf einer Seite eines rechtwinkligen Dreieckes senkrecht startet, kehrt zu dieser Seite in derselben Richtung zurück.*

[2] Auf den ersten Blick widerspricht das einer deterministichen Formulierung des zweiten Hauptsatzes der Thermodynamik. Dieser Widerspruch verschwindet aber, wenn man den zweiten Hauptsatz statistisch interpretiert.

Beweis. Diese Tatsache ist uns in Bezug auf rationale Dreiecke bereits bekannt, also nehmen wir an, dass ein spitzer Winkel des Dreiecks π-irrational ist. Wir spiegeln das Dreieck an den Seiten des rechtwinkligen Dreiecks, sodass sich ein Rhombus R ergibt (vgl. Abb. 7.4). Wie im Fall eines Quadrats (vgl. Kapitel 2) reduziert sich die Untersuchung des Billards im Dreieck auf die Untersuchung des Billards im Rhombus. Sei α der spitze Winkel des Rhombus.

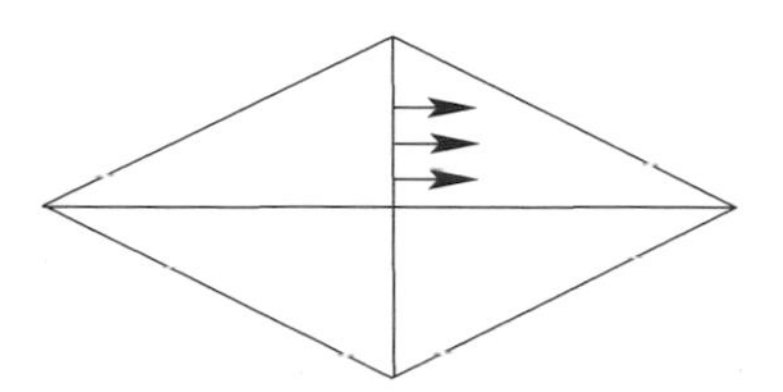

Abb. 7.4 Der aus einem rechtwinkligen Dreieck konstruierte Rhombus

Wir betrachten das Bündel horizontaler Bahnen, das auf der unteren Hälfte der vertikalen Diagonale startet. Wie in den Kapiteln 1 und 2 verwenden wir die Entfaltungsmethode, wir spiegeln also den Rhombus anstatt die Billardbahn zu reflektieren. Als Ergebnis erhalten wir ein paralleles Bündel von Geraden.

Den ursprünglichen Rhombus bezeichnen wir mit R_0. Jedes Mal, wenn der Rhombus an seiner Seite gespiegelt wird, wird er um einen Winkel $\pm\alpha$ gedreht. Bis auf Parallelverschiebungen kann somit die Lage des Rhombus durch ganze Zahlen gekennzeichnet werden; wir bezeichnen die entsprechenden Rhomben mit R_n, $n \in \mathbb{Z}$.

Rufen Sie sich ins Gedächtnis, wie wir in Kapitel 2 vier Kopien des Quadrats verklebt haben, sodass sich ein Torus ergab, auf dem die Billardbahnen in einer gegebenen Richtung zu Parallelen auf diesem Torus wurden. Genauso gehen wir auch in dieser Situation vor, indem wir für jedes n alle Kopien der n-ten Rhomben identifizieren, die an der Entfaltung beteiligt sind (vgl. Abb. 7.5). Das Ergebnis ist

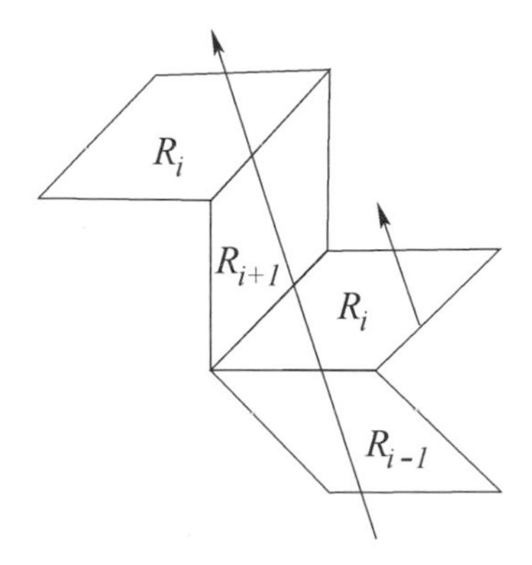

Abb. 7.5 Verkleben paralleler Rhomben

eine unendliche Fläche, die aus den Rhomben R_n mit jeweils einem Rhombus für jedes $n \in \mathbf{Z}$ besteht und durch die Bahnen aus dem Bündel teilweise geblättert ist.

Eine Bahn des Bündels, die R_n verlässt, kann entweder in R_{n-1} oder in R_{n+1} eintreten. Im ersten Fall sagen wir, dass die Bahn eine negative Seite geschnitten hat, im zweiten Fall ist es eine positive Seite.

Wir wollen zeigen, dass fast alle Bahnen zu R_0 zurückkehren. Da der Winkel α π-irrational ist, existiert für jedes $\varepsilon > 0$ ein $n > 0$, sodass die vertikale Projektion der positiven Seite von R_n kleiner ist als ε: Dies ergibt sich aus Satz 2.1 auf Seite 19 über irrationale Kreisdrehungen. Folglich hat die Menge der Bahnen, die R_{n+1} erreichen, ein Maß kleiner ε.

Die übrigen Bahnen sind darauf beschränkt, in den Rhomben $R_0, \dots, R_n$ zu bleiben; die Menge dieser Bahnen sei S. Die Vereinigung der Rhomben 0 bis n ist endlich, und wie im Fall des rationalen Polygons von vorhin lässt sich das Poincaré'sche Wiederkehrargument anwenden. Daraus ergibt sich, dass fast jede Bahn in S zur ursprünglichen vertikalen Diagonale von R_0 in senkrechter Richtung zurückkehrt.

Da ε in diesem Argument beliebig klein ist, ergibt sich die Behauptung. □

Es ist nicht bekannt, ob jedes Polygon eine periodische Bahn besitzt; selbst für stumpfwinklige Dreiecke nicht. Einen wesentlichen Fortschritt erzielte kürzlich R. Schwartz. Er bewies, dass jedes stumpfwinklige Dreieck mit Winkeln, die nicht größer sind als 100°, eine periodische Billardbahn hat. Seine Arbeit stützt sich wesentlich auf ein Computerprogramm, nämlich McBilliards, das von Schwartz und Hooper geschrieben wurde (vgl. Schwartz [91]). Auch in [42, 51, 87] können Sie etwas über periodische Billardbahnen in Dreiecken erfahren.

Wir wollen nun eine polygonale Version des Beleuchtungsproblems diskutieren, das wir in Kapitel 4 für glatte Billardkurven negativ beantwortet hatten. Dazu betrachten wir ein polygonales ebenes Gebiet P. Seien A und B zwei Punkte im Innern von P. Existiert eine Billardbahn von A nach B? Diese Bahn sollte die Ecken von P umgehen. Das ist das erste Beleuchtungsproblem, das zweite ist die Frage, ob P von mindestens einem seiner inneren Punkte aus vollständig beleuchtet werden kann.

Wie in der Arbeit von Tokarsky [115] werden wir zeigen, dass die Antwort auf die erste Frage negativ ausfällt. Wie im glatten Fall verwendet man sehr regelmäßige (integrable) Billardtische, um das gesuchte Gebiet P zu konstruieren.

Die Konstruktion stützt sich auf das folgende Lemma.

Lemma 7.2 *In einem gleichschenkligen Dreieck ABC mit dem rechten Winkel B gibt es keine Billardbahn von A, die zu A zurückkehrt.*

Beweis. Wir entfalten das Dreieck wie in Abb. 7.6. Bei den mit A gekennzeichneten Ecken, also den Bildern der Ecke A des Dreiecks, sind beide Koordinaten gerade, die mit B und C gekennzeichneten Ecken haben mindestens eine ungerade Koordinate. Existiert im Dreieck eine Billardbahn von A zurück nach A, so ist ihre Entfaltung ein Geradenabschnitt, der die Ecke $(0,0)$ mit einer Ecke $(2m,2n)$ verbindet. Dieser Abschnitt verläuft durch den Punkt (m,n), der entweder mit B oder C gekennzeichnet ist. Oder sowohl m als auch n sind gerade, und dann verläuft der Geradenabschnitt durch den Punkt $(m/2,n/2)$, usw. □

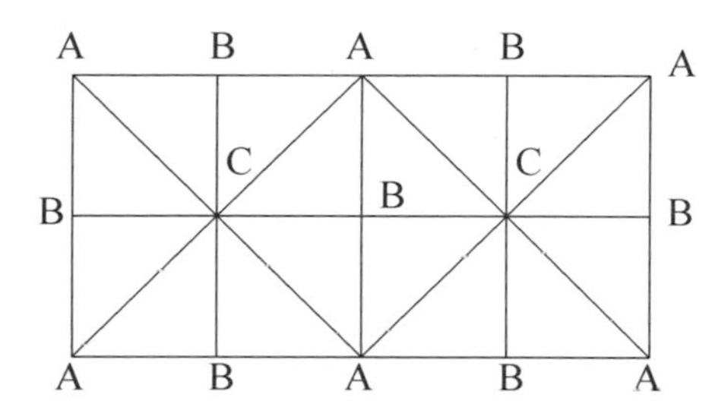

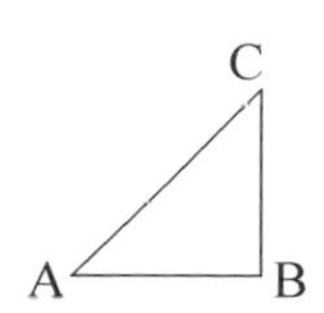

Abb. 7.6 Entfaltung eines gleichschenkligen, rechtwinkligen Dreiecks

Nun betrachten wir das Gebiet P aus Abb. 7.7. Wir behaupten, dass es keine Billardbahn zwischen den Punkten A_0 und A_1 gibt. Das Gebiet ist so konstruiert, dass alle mit B und C gekennzeichneten Punkte Ecken von P sind. Wir nehmen entgegen der Behauptung an, dass eine Billardbahn von A_0 nach A_1 existiert. Diese Bahn muss durch das Innere eines der acht gleichschenkligen, rechtwinkligen Dreiecke verlaufen, die an den Punkt A_0 angrenzen. Dieses Dreieck nennen wir T. Dann müsste sich die Billardbahn zu einer Billardbahn in T zurückfalten lassen, die bei A_0 startet und zu A_0 zurückführt. Dies ist nach Lemma 7.2 unmöglich.

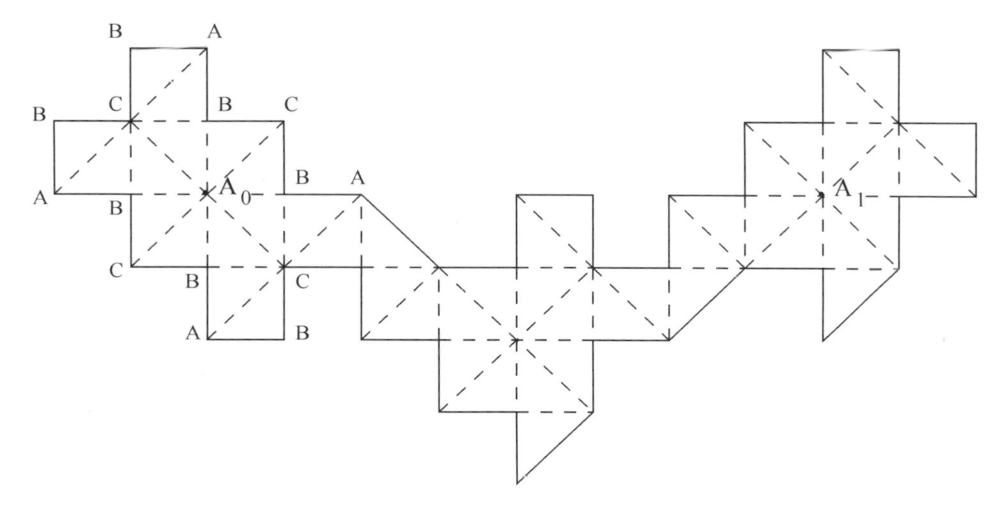

Abb. 7.7 Der Punkt A_0 ist vom Punkt A_1 aus unsichtbar.

Wir wollen einen Begriff erwähnen, der mit dem Beleuchtungsproblem zusammenhängt. Ein Gebiet (beispielsweise ein Polygon) P heißt *sicher*, wenn für jedes seiner Punktepaare A und B eine endliche Menge von Punkten C_i, $i = 1,\dots,n$ in P existiert, sodass jede Billardbahn von A nach B durch einen der Punkte C_i verläuft. Diese Eigenschaft von P heißt auch *endliche Blockierung* (denken Sie an n Bodyguards, die die Sicht von A auf B verstellen). Genauso heißt eine Riemann'sche Mannigfaltigkeit (beispielsweise eine Fläche) sicher, wenn für jedes ihrer Punktepaare A und B eine endliche Menge von Punkten C_i existiert, sodass jede Geodäte von A nach B durch einen der Punkte C_i verläuft. Wir verweisen auf die Arbeiten [47, 69] mit aktuellen Ergebnissen zu diesem Thema. Zum Beispiel ist ein regelmäßiges n-gon genau dann sicher, wenn $n = 3,4$ oder 6 ist.

Übung 7.3 **a)** Beweisen Sie, dass die runde Sphäre nicht sicher ist.
b) Beweisen Sie, dass der Torus T^2 sicher ist. Was ist die notwendige Anzahl n von „Bodyguards"?
c) Beweisen Sie dieselbe Aussage für den k-dimensionalen Torus.
d) Zeigen Sie, dass ein Quadrat ein sicheres Polygon ist.
e) Beweisen Sie dieselbe Aussage für ein regelmäßiges Dreieck oder ein regelmäßiges Hexagon.

7.2 Exkurs: Geschlossene Geodäten auf polyedrischen Flächen. Krümmung und Satz von Gauß und Bonnet.

Wir können eine periodische Billardbahn mit gerader Periode in einem ebenen Polygon P als eine geschlossene Kurve mit extremaler Länge betrachten, die um einen sehr schmalen Körper im Raum verläuft, der wie ein zweiseitiges Polygon P aussieht: Denken Sie an ein Band, das um eine flache Pralinenschachtel gewickelt ist. Demnach ist es naheliegend, ein allgemeineres Problem zu betrachten, das sich mit geschlossenen Geodäten auf polyedrischen Flächen beschäftigt.

Eine glatte Entsprechung dieses Problems haben wir in Kapitel 6 diskutiert. Nach einer Vermutung von Poincaré, die von Lyusternik und Schnirelmann bewiesen wurde, hat eine konvexe, geschlossene, glatte Fläche im dreidimensionalen Raum mindestens drei einfach geschlossene Geodäten. In diesem Exkurs wollen wie in Galperin [40] zeigen, dass eine polyedrische Entsprechung dieses Satzes nicht gilt: Eine allgemeine konvexe polyedrische Fläche hat keine einfach geschlossenen Geodäten.

Sei M eine geschlossene konvexe polyedrische Fläche. Wir definieren die Krümmung einer Ecke V von M als ihren Defekt, d. h. als die Differenz zwischen 2π und der Winkelsumme der Flächen von M, die an V grenzen. Die Krümmung ist immer positiv.

Lemma 7.3 *Die Summe der Krümmungen aller Ecken von M ist 4π.*

Beweis. Sei v die Anzahl der Ecken, e die Anzahl der Kanten und f die Anzahl der Flächen von M. Dann gilt die Euler-Formel

$$v - e + f = 2.$$

Wir wollen die Summe S aller Winkel der Flächen von M berechnen. An einer Ecke ist die Winkelsumme $2\pi - k$, wobei k die Krümmung dieser Ecke ist. Für die Summe über die Ecken ergibt sich:

$$S = 2\pi v - K \tag{7.1}$$

mit der Gesamtkrümmung K. Wir können aber auch über die Flächen summieren. Die Summe der Winkel der i-ten Fläche ist $\pi(n_i - 2)$. Dabei ist n_i die Anzahl der Seiten dieser Fläche. Folglich gilt:

$$S = \pi \sum n_i - 2\pi f. \tag{7.2}$$

Da jede Kante an zwei Flächen grenzt, gilt $\sum n_i = 2e$; deshalb ergibt sich aus (7.2):

$$S = 2\pi e - 2\pi f. \tag{7.3}$$

Kombinieren wir (7.1) und (7.3) mit der Euler-Formel, so erhalten wir die Behauptung. □

Ein Analogon zu Lemma 7.3 gilt zusammen mit dem Beweis für andere polyedrische Flächen, die nicht topologisch äquivalent zur Sphäre sein müssen: Die Gesamtkrümmung der Ecken ist $2\pi\chi$ mit der Euler-Charakteristik $\chi = v - e + f$.

Unmotiviert erscheint die obige Definition der Krümmung eines Polyederkegels etwas mysteriös. Für einen gegebenen konvexen Polyederkegel C mit der Ecke V betrachten wir die äußeren Normalen an seine Flächen durch V. Diese Normalen sind die Kanten eines neues Polyederkegels C^*, der dual zu C heißt.

Lemma 7.4 *Die Winkel zwischen den Kanten von C^* sind komplementär zu den Diederwinkeln von C, und die Diederwinkel von C^* sind zu den Winkeln zwischen den Kanten von C komplementär.*

Beweis. Die erste Behauptung lässt sich leicht anhand von Abb. 7.8 ablesen, und die zweite ergibt sich aus der Symmetrie der Beziehung zwischen C und C^*. □

Nun können wir die Definition der Krümmung eines Polyederkegels nachvollziehen. Dazu betrachten wir die Einheitssphäre um die Ecke des dualen Kegels C^*. Die Schnittmenge von C^* mit der Sphäre ist ein konvexes sphärisches Polygon P. Der Flächeninhalt von P misst den „Körperwinkel“ des Kegels C^*.

Satz 7.3 *Der Flächeninhalt A des sphärischen Polygons P ist gleich der Krümmung des Kegels C.*

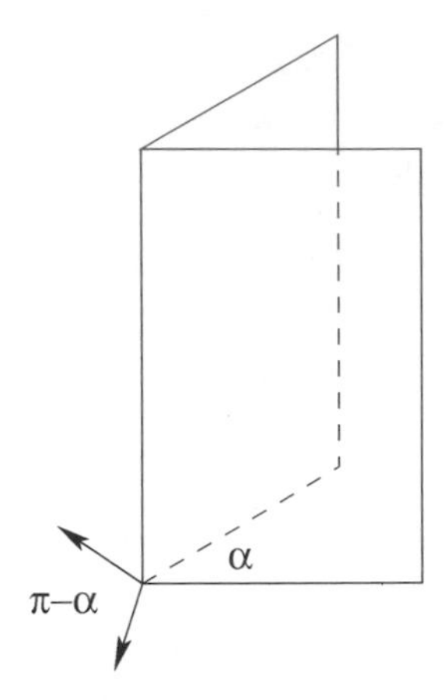

Abb. 7.8 Die Beziehung zwischen flachen Winkeln und Diederwinkeln eines Polyederkegels und seines dualen Kegels

Beweis. Nehmen wir an, dass das Polygon P n-seitig ist. Seine Winkel seien α_i. Dann sind die Winkel α_i auch die Diederwinkel von C^*. Wir behaupten, dass gilt:

$$A = \alpha_1 + \cdots + \alpha_n - (n-2)\pi\,. \tag{7.4}$$

Vergegenwärtigen Sie sich, dass die rechte Seite des Ausdrucks für ein ebenes n-gon verschwindet. Bedenken Sie auch, dass der Flächeninhalt eines sphärischen Polygons demnach nur von seinen Winkeln abhängt, nicht aber von der Seitenlänge.

Zum Beweis von (7.4) beginnen wir mit dem Fall $n = 2$. Ein 2-gon ist ein Gebiet, das durch zwei Meridiane zwischen den Polen begrenzt ist. Bilden die Meridiane den Winkel α, so ist der Flächeninhalt des 2-gons der $(\alpha/2\pi)$-te Teil des Gesamtflächeninhalts 4π der Sphäre. Wie behauptet, ist folglich der Flächeninhalt des 2-gons gleich 2α.

Als nächstes betrachten wir ein Dreieck (vgl. Abb. 7.9). Die Großkreise bilden sechs 2-gone, die die Sphäre überdecken. Das ursprüngliche Dreieck und sein entgegengesetztes Dreieck werden dreimal überdeckt, und der übrige Teil der Sphäre wird einmal überdeckt. Der Gesamtflächeninhalt der sechs 2-gone ist $2(2\alpha_1 + 2\alpha_2 + 2\alpha_3)$; folglich gilt:

$$4(\alpha_1 + \alpha_2 + \alpha_3) = 4\pi + 2A\,.$$

Dies ist äquivalent zu unserer Behauptung für den Fall $n = 3$.

Schließlich lässt sich jedes konvexe n-gon mit $n \geq 4$ durch seine Diagonalen in $n-2$ Dreiecke unterteilen. Der Flächeninhalt und die Winkelsumme sind unter der Zerlegung additiv, und es ergibt sich (7.4).

Zum Abschluss des Beweises betrachten wir die Winkel β_i zwischen den Kanten des Kegels C. Nach Lemma 7.4 gilt $\alpha_i = \pi - \beta_i$. Das setzen wir in (7.4) ein, und wir

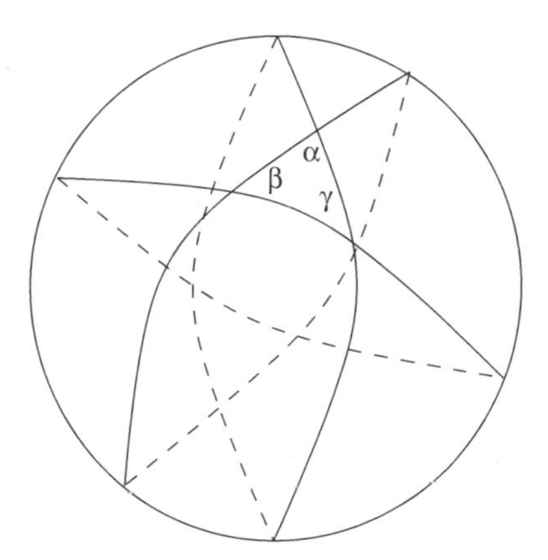

Abb. 7.9 Flächeninhalt eines sphärischen Dreiecks

erhalten wie behauptet:

$$A = 2\pi - (\beta_1 + \cdots + \beta_n)\,. \qquad \square$$

Satz 7.3 liefert einen alternativen Beweis für Lemma 7.3: Und zwar kann man die dualen Kegel an allen Ecken von M in den Ursprung verschieben, und dann überdecken die Kegel die gesamte Sphäre. Daraus folgt, dass die Summe der Flächeninhalte der entsprechenden sphärischen Polygone 4π ist, und daraus wiederum folgt Lemma 7.3. Aus diesem alternativen Beweis ergibt sich zusammen mit dem Argument von Lemma 7.3 auch die Euler-Formel.

Nun definieren wir Parallelverschiebungen auf einer polyedrischen Fläche. Angenommen, wir haben einen Tangentialvektor v an eine polyedrische Fläche M. Wir können den Vektor v innerhalb dieser Fläche wie in der Ebene parallelverschieben. Wir können auch die Parallelverschiebung über eine Kante definieren. Dazu identifizieren wir die Ebenen der beiden Flächen F_1 und F_2, die sich in E schneiden durch Drehung um E (als wären die Flächen durch Scharniere verbunden). Der Vektor v soll in F_1 liegen. Wenn der Fußpunkt von v die Kante E erreicht, wenden wir die Drehung an, um einen Vektor in F_2 zu erhalten. Anders ausgedrückt: Unter der Parallelverschiebung von v über eine Kante E bleibt die Tangentialkomponente von v entlang E unverändert, und dasselbe gilt für die Normalkomponenten von v in F_1 und F_2. Natürlich erinnert diese Beschreibung an das Gesetz für die Billardreflexion.

Übung 7.4 Es seien A und B Punkte auf benachbarten Flächen eines Polyeders. Sei γ der kürzeste Weg von A nach B über die Kante. Beweisen Sie, dass der Einheitstangentialvektor an γ über die Kante parallelverschoben wird.

Sei V eine Ecke eines Polyederkegels C. Wir betrachten einen Vektor, der auf einer der Flächen liegt, die an V angrenzen. Wir verschieben ihn einmal entgegen dem Uhrzeigersinn um V, sodass sein Fußpunkt in seine Ausgangslage zurückkehrt. Der Vektor wird sich um einen Winkel α drehen, und dieser Winkel hängt nicht von der Wahl des Vektors ab. Was ist dieser Winkel?

Lemma 7.5 *Der Winkel α ist so groß wie die Krümmung von V.*

Beweis. Anstatt eine Fläche von C über aufeinanderfolgende Kanten parallel zu verschieben, können wir den Polyederkegel genausogut auf die horizontale Fläche legen und ihn über die Kanten rollen. Die sich daraus ergebende Entfaltung des Kegels ist ein ebener Keil, dessen Winkelmaß die Summe der flachen Winkel von C ist. Der gesuchte Winkel ergänzt diese Summe zu 2π (vgl. Abb. 7.10). □

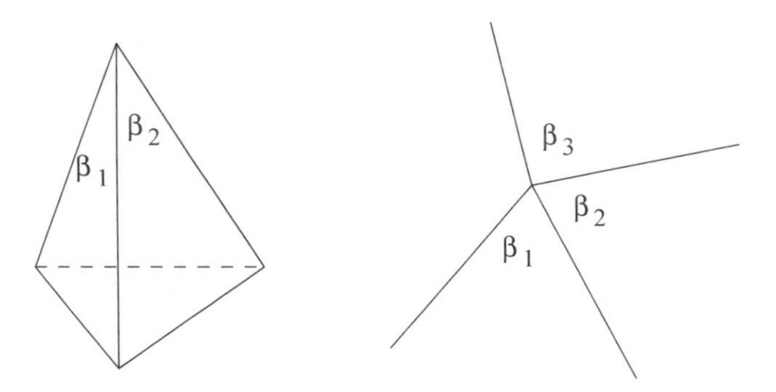

Abb. 7.10 Entfaltung eines Polyederkegels in der Ebene

Allgemeiner wählen wir nun eine orientierte, einfach geschlossene Kurve γ auf M; wir nehmen an, dass γ die Kanten transversal schneidet und die Ecken umgeht. Die Kurve γ zerlegt M in zwei Komponenten, eine auf der linken und eine auf der rechten Seite. Wieder wählen wir einen Tangentialvektor v mit dem Fußpunkt auf γ und verschieben ihn parallel entlang γ. Sei u der Endvektor (dessen Fußpunkt mit dem von v zusammenfällt). Den Winkel zwischen v und u bezeichnen wir mit $\alpha(\gamma)$. Der nächste Satz ist eine polygonale Version des berühmten Satzes von Gauß und Bonnet.

Satz 7.4 *Der Winkel $\alpha(\gamma)$ ist die Summe der Krümmungen der Ecken von M, die in der Komponente von M liegen, die sich links von γ befindet.*

Beweis. Wir wollen induktiv vorgehen. Dazu betrachten wir die Anzahl der Ecken n im Innern von γ. Im Fall $n = 1$ ist das Lemma 7.5. Im Fall $n > 1$ können wir das von γ begrenzte Gebiet durch einen Bogen δ in zwei Gebiete zerlegen, in denen sich jeweils weniger als n Ecken befinden (vgl. Abb. 7.11). Sei γ_1 die Kurve, die γ von A bis B folgt und dann δ von B bis A. Analog sei γ_2 die Kurve, die δ von A bis B folgt und dann γ von B bis A. Die Verknüpfung von γ_1 und γ_2 unterscheidet sich von γ

durch den Bogen δ, der hin und zurück durchlaufen wird. Folglich heben sich die Beiträge von δ gegenseitig auf: $\alpha(\gamma) = \alpha(\gamma_1) + \alpha(\gamma_2)$. Die Behauptung des Satzes ergibt sich per Induktion. □

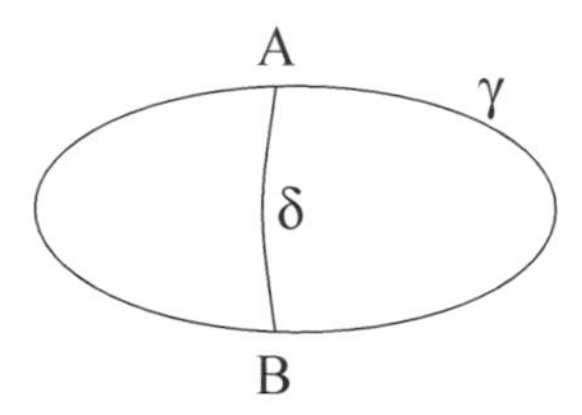

Abb. 7.11 Beweis des Satzes von Gauß und Bonnet

Anmerkung 1 Eine bekanntere Version des Satzes von Gauß und Bonnet bezieht sich auf glatte Flächen. Um diesen Satz zu formulieren, muss man die Gauß'sche Krümmung einer glatten Fläche und den Begriff der Parallelverschiebung von Tangentialvektoren entlang von Kurven definieren. Das geschieht gewöhnlich in den ersten Vorlesungen über Differentialgeometrie; hier sei es Ihnen als Herausforderung überlassen, diese Definition in Analogie zum eben diskutierten polyedrischen Fall zu konstruieren. Der Satz von Gauß und Bonnet besagt, dass die Parallelverschiebung der Tangentialebene an eine glatte Fläche entlang einer einfach geschlossenen Kurve die Drehung um den Winkel ist, der so groß ist wie die totale Gauß-Krümmung im Innern des von der Kurve eingeschlossenen Gebietes.

Übung 7.5 Jeder Tennisball hat auf seiner Oberfläche eine klar sichtbare geschlossene Kurve. Markieren Sie auf dieser Kurve einen Punkt, und legen Sie den Ball so auf den Boden, dass er den Boden an diesem Punkt berührt. Rollen Sie den Ball nun ohne ihn rutschen zu lassen entlang der Kurve, bis er den Boden wieder an dem markierten Punkt berührt. Vergleichen Sie die Anfangs- und Endposition des Balls, so stellen Sie fest, dass er sich um einen bestimmten Winkel um die vertikale Achse gedreht hat. Wie groß ist der Winkel dieser Drehung?

Schließlich betrachten wir eine allgemeine geschlossene konvexe polyedrische Fläche M. Damit meinen wir, dass die einzige lineare Relation über $\mathbf{Q}$ zwischen den Krümmungen der Ecken und π diejenige aus Lemma 7.3 ist.

Satz 7.5 *Auf M existieren keine einfach geschlossenen Geodäten.*

Beweis. Nehmen wir an, dass es eine solche Geodäte γ gibt. Nach Übung 7.4 auf Seite 115 wird der Einheitstangentialvektor an γ entlang γ parallelverschoben. Insbesondere kehrt dieser Tangentialvektor ohne Drehung zu seinem Ausgangspunkt zurück. Nach dem Satz von Gauß und Bonnet führt aber die Parallelverschiebung entlang γ zu einer Drehung um einen Winkel, der so groß ist wie die Summe der Krümmungen der Ecken im Innern von γ. Diese Menge von Ecken ist eine echte Teilmenge der Ecken von M. Da M allgemein ist, kann die Summe der Krümmungen kein Vielfaches von 2π sein. Das ist ein Widerspruch. □

Bedenken Sie, dass Satz 7.5 und sein Beweis die Existenz von Geodäten mit Selbstüberschneidungen nicht ausschließt. Satz 7.5 ähnelt in gewisser Weise Übung 7.2 auf Seite 113, aus der sich ergibt, dass ein allgemeines Viereck keine einfache 4-periodische Billardbahn zulässt. ♣

Rufen Sie sich aus Kapitel 1 ins Gedächtnis, dass ein System elastischer Massepunkte in der Halbebene isomorph ist zum Billard im Innern eines Polyederkegels. Ya. Sinai stellte sich in den 1970er Jahren die Frage, ob die Anzahl der Reflexionen bei einem solchen Billard von oben gleichmäßig beschränkt ist durch eine Konstante, die zwar vom Kegel aber nicht von der Billardbahn abhängt. Dies ist für einen Keil in der Ebene offensichtlich der Fall (vgl. Kapitel 1). Der nächste Satz hat eine Vielzahl verschiedener Beweise, die von Ya. Sinai, G. Galperin, M. Sevryuk stammen. Wir halten uns an die Arbeit von Galperin und Zemlyakov [43].

Satz 7.6 *Die Anzahl der Reflexionen einer Billardbahn im Innern eines konvexen Polyederkegels im* $\mathbf{R}^n$ *ist durch eine Konstante von oben beschränkt, die nur vom Kegel abhängt.*

Beweis. (Skizze) Wir wollen die Argumentation für den dreidimensionalen Fall ausführen. Dazu nehmen wir an, dass der Kegel um den Ursprung zentriert ist. Wir betrachten die Einheitssphäre. Die Zentralprojektion überführt den Kegel in ein konvexes sphärisches Polygon P und eine Billardbahn im Kegel in eine Billardbahn in P. Bedenken Sie, dass die Zentralprojektion einer Gerade ein Großhalbkreis ist. Aus der Entfaltung der Bahn in einem Polyederkegel in eine Gerade ergibt sich, dass die Gesamtlänge der Projektion der Billardbahn in P gleich π ist.

Wir halten ein $\varepsilon > 0$ fest und betrachten ε-Umgebungen der Ecken von P. Wir behaupten, dass die Anzahl der Stöße der Billardkugel im Innern einer solchen Umgebung durch eine Konstante beschränkt ist, die von dem entsprechenden Winkel von P, beispielsweise α, abhängt. Tatsächlich ist das äquivalent zu einer ähnlichen Aussage über die Billardbahn in einem Keil im Raum mit dem Diederwinkel α. Und dies ist wiederum äquivalent zu derselben Aussage für einen ebenen Keil (vgl. Kapitel 1, wo diese Aussage durch Entfaltung bewiesen wird).

Vergegenwärtigen Sie sich, dass ein Geradenabschnitt zwischen zwei Seiten von P, der nicht in einer einzelnen ε-Umgebung einer Ecke liegt, eine Länge hat, die von unten durch eine Konstante beschränkt ist. Diese Konstante hängt von P und ε ab. Deshalb kann eine Billardbahn mit der Gesamtlänge π außerhalb dieser ε-Umgebungen nur eine beschränkte Anzahl von Reflexionen erfahren. Daraus ergibt sich, dass die Gesamtzahl der Reflexionen von oben gleichmäßig beschränkt ist. □

Der Beweis in einer beliebigen Dimension ist ähnlich und läuft per Induktion über die Dimension.

Übung 7.6 Betrachten Sie einen Kegel über einer glatten geschlossenen ebenen Kurve im dreidimensionalen Raum, und sei C sein Teil im Innern der Einheitssphäre um die Kegelspitze. Beweisen Sie, dass eine Geodäte auf C mit Einheitsgeschwindigkeit nach einer Zeit von maximal 2 entweder die Kegelspitze trifft oder C verlässt.

Übung 7.7 Dieses Problem wurde von D. Khmelnitskii veröffentlicht. Betrachten Sie einen Kreiskegel, dessen vertikaler Schnitt ein gleichschenkliges Dreieck mit dem Eckwinkel α ist. Werfen Sie eine Schleife über den Kegel und ziehen Sie sie nach unten (vgl. Abb. 7.12). Beweisen Sie, dass die Schleife für $\alpha < \pi/3$ fest auf dem Kegel bleibt, für $\alpha > \pi/3$ aber über die Ecke rutscht.

Hinweis: Die Schleife ist eine Geodäte auf dem Kegel. Entfalten Sie den Kegel auf der Ebene.

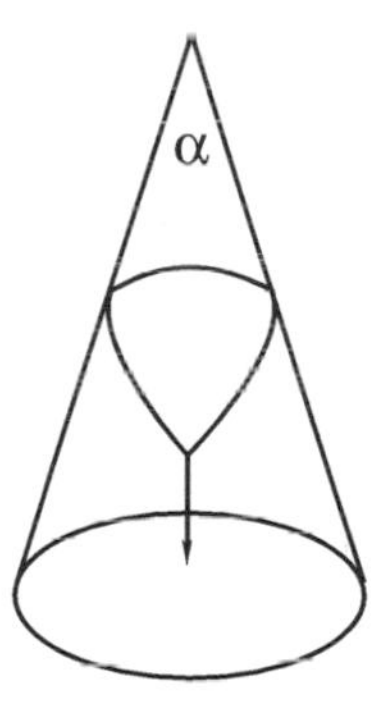

Abb. 7.12 Schleife auf einem Kegel

Ein System aus elastischen Kugeln (keine Punktmassen) im euklidischen Raum kann auch als das Billard im Innern eines Kegels beschrieben werden, dessen Seiten innen konvex sind und bestimmte geometrische Bedingungen erfüllen (vgl. Abb. 1.4 auf Seite 4 und das Modellbeispiel 1.3 auf Seite 8 in Kapitel 1). Ein Gegenstück zu Satz 7.6 gilt auch für solche Systeme. Das haben erst kürzlich D. Burago, S. Ferleger and A. Kononenko mithilfe der Alexandrov-Geometrie gezeigt (vgl. Burago et al. [25] für eine Übersicht). Einen der von ihnen gefundenen Sätze wollen wir hier erwähnen: Die Anzahl der Stöße von n elastischen Kugeln mit den Massen $m_1 \geq \cdots \geq m_n$ im Raum ist höchstens

$$\left(400n^2 \frac{m_1}{m_n}\right)^{2n^4},$$

und zwar unabhängig von den Anfangsorten und den Anfangsgeschwindigkeiten. Angesichts dieses Resultats ist es interessant zu erwähnen, dass die maximale Anzahl der Stöße dreier identischer Kugeln im Raum einer beliebigen Dimension (nicht kleiner als 2) vier ist (vgl. Nazarov und Petrov [76] für eine Übersicht).

Den übrigen Teil dieses Kapitels widmen wir rationalen Polygonen. Rufen Sie sich ins Gedächtnis, dass eine Billardbahn in einem rationalen Polygon P nur endlich viele verschiedene Richtungen haben kann. Deshalb hat das Billard in einem rationalen Polygon eine Erhaltungsgröße. Die Situation ist ähnlich wie bei der in Kapitel 4 diskutierten Integrabilität. Man verwendet diese Größe, um die Dimension des Systems um 1 zu reduzieren.

Und zwar ist der Phasenraum des Billardflusses im Innern von P gleich $P \times S^1$, wobei der zweite Faktor für die Richtung „verantwortlich" ist. Wir greifen eine allgemeine Richtung α heraus. Sei M_α die Menge der Punkte, deren Projektion auf S^1 zum Orbit von α unter der Diedergruppe D_N gehört. Dann ist M_α eine invariante Fläche des Billardflusses in P. Diese invariante Fläche ist eine Niveaufläche des oben erwähnten „Bewegungsintegrals". Da die Flächen M_α für verschiedene Werte von α dieselben sind, blenden wir die Richtung aus der Darstellung aus.

Die invariante Fläche M können wir konstruieren, indem wir $2N$ Kopien des Polygons P verkleben, genauso wie wir den Torus in Kapitel 2 erhalten haben, indem wir vier Kopien des Quadrats verklebt haben. Diese Konstruktion wurde viele Male von Mathematikern und Physikern wiederentdeckt (vgl. beispielsweise [38, 59, 86]). Betrachten wir ein Beispiel.

► **Beispiel 7.1** Das Polygon P sei ein rechtwinkliges Dreieck mit dem spitzen Winkel $\pi/8$. Wie vorhin können wir eine Billardbahn in eine Gerade entfalten, indem wir P immer wieder an seinen Seiten spiegeln. Zunächst spiegeln wir das Dreieck 16-mal an den Seiten, die den Winkel $\pi/8$ bilden. Dadurch erhalten wir ein regelmäßiges Achteck (vgl. Abb. 7.13).

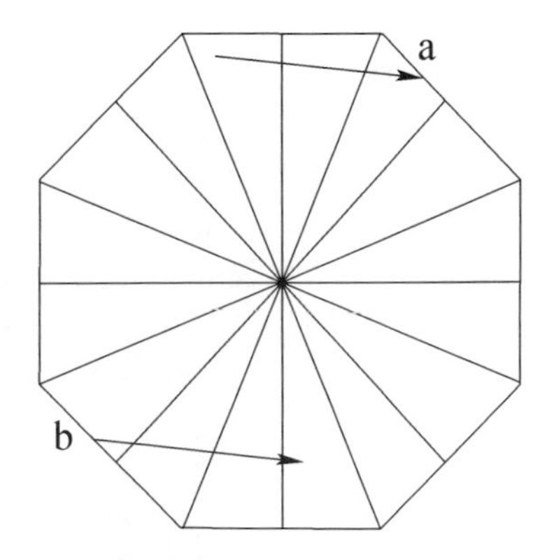

Abb. 7.13 Entfaltung eines rechtwinkligen Dreiecks zu einem regelmäßigen Achteck

Jede mögliche Lage des Dreiecks P, die bei der Entfaltung einer Bahn vorkommen kann, kommt in diesem Achteck bereits vor. Anstatt ein Dreieck an der Seite a aus Abb. 7.13 zu spiegeln, können wir die Seite a mit der Seite b des Achtecks verkleben. Eine Bahn, die das Achteck über einen Punkt der Seite a verlässt, kehrt dann unmittelbar durch den entsprechenden Punkt auf Seite b in das Achteck zurück und bewegt sich in derselben Richtung weiter.

Daraus folgt, dass sich die invariante Fläche M für das rechtwinklige Dreieck mit dem spitzen Winkel $\pi/8$ aus dem Verkleben der gegenüberliegenden Seiten des Achtecks ergibt. Das ist eine Fläche vom Geschlecht 2. Die Euler-Charakteristik χ ist einerseits $2-2g$ mit dem Geschlecht 2. Andererseits gilt $\chi = f - e + v$ mit der Anzahl der Flächen f, der Anzahl der Kanten e und der Anzahl der Ecken v. Offensichtlich ist $f = 1$ und $e = 4$ (die gegenüberliegenden Seiten sind verklebt). Wir stellen auch fest, dass alle Ecken des Achtecks miteinander verklebt sind, also ist $v = 1$. Deshalb gilt $\chi = -2$ and $g = 2$.

Der gerichtete Fluss auf der Fläche M hat eine Singularität in dem Punkt, der sich aus der Verklebung aller Ecken des Achtecks ergibt. Und zwar sind die Winkel des Achtecks gleich $3\pi/4$. Verklebt man dann 8 dieser Winkel, sollte der Gesamtwinkel auf der Fläche 2π sein und nicht 6π. Deshalb werden die Winkel um einen Faktor 3 herunterskaliert, und das Ergebnis ist eine Singularität in Form eines Sattelpunktes, wie in Abb. 7.14 dargestellt.

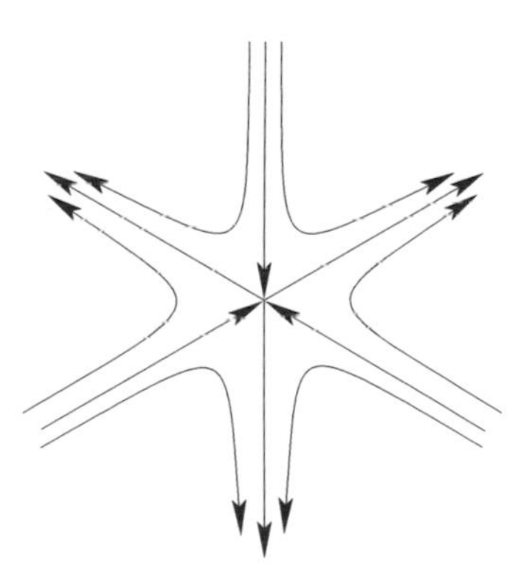

Abb. 7.14 Ein Sattelpunkt des gerichteten Billardflusses auf einer invarianten Fläche

Übung 7.8 **a)** Konstruieren Sie die invariante Fläche für ein rechtwinkliges Dreieck mit dem spitzen Winkel $\pi/12$.

b) Führen Sie dieselbe Konstruktion für ein rechtwinkliges Dreieck mit dem spitzen Winkel $\pi/5$ aus.

c) Führen Sie dieselbe Konstruktion für ein Quadrat mit einem Loch aus, das ein homothetisches Quadrat ist.

Bei einem allgemeinen rationalen Polygon ist die Situation ähnlich. Wir wollen die Konstruktion der Fläche M beschreiben. Dazu betrachten wir $2N$ verschiedene parallele Kopien von P in der Ebene. Wir wollen sie $P_1, \ldots, P_{2N}$ nennen und die geradzahligen im Uhrzeigersinn und die ungeradzahligen entgegen dem Uhrzeigersinn orientieren. Wir werden ihre Seiten der Wirkung der Diedergruppe D_N entsprechend paarweise verkleben. Sei $0 < \theta_1 < \pi/N$ ein Winkel, und sei θ_i sein i-tes Bild unter der Wirkung von D_N. Wir betrachten die Kopie P_i und reflektieren die Richtung θ_i an einer der Seiten von P_i. Die reflektierte Richtung ist θ_j für ein j. Wir verkleben die gewählte Seite von P_i mit der identischen Seite von P_j. Nachdem wir für alle Seiten aller Polygone die Verklebung vorgenommen haben, erhalten wir eine orientierte geschlossene Fläche M. Diese Fläche hängt nicht von der Wahl des Winkels θ_1 ab.

Die Topologie der Fläche M ist durch ihr im nächsten Satz beschriebenes Geschlecht g bestimmt.

Satz 7.7 *Die Winkel eines (einfach zusammenhängenden) Billard-k-gons P seien $\pi m_i/n_i$, $i = 1,\ldots,k$ mit teilerfremden m_i und n_i. Sei N das kleinste gemeinsame Vielfache der n_i. Dann gilt*

$$g = 1 + \frac{N}{2}\left(k - 2 - \sum \frac{1}{n_i}\right).$$

Beweis. Wir müssen analysieren, wie die Verklebungen um eine Ecke von P vor sich gehen. Dazu betrachten wir die i-te Ecke V mit dem Winkel $\pi m_i/n_i$. Sei G_i die Gruppe der linearen Transformationen der Ebene, die durch die Spiegelungen an den an V angrenzenden Seiten von P erzeugt wird. Dann besteht G_i aus $2n_i$ Elementen.

Der Konstruktion von M entsprechend ist die Anzahl der Kopien des Polygons P_j, die bei V verklebt werden, gleich der Kardinalität des Orbits des Testwinkels θ unter der Gruppe G_i, also $2n_i$. Ursprünglich hatten wir $2N$ Kopien des Polygons P und deshalb $2N$ Kopien der Ecke V. Nach den Verklebungen haben wir N/n_i Kopien dieser Ecke auf der Fläche M.

Es folgt, dass die Gesamtzahl der Ecken in M gleich $N(\sum 1/n_i)$ ist. Die Gesamtzahl der Kanten ist Nk, und die Anzahl der Flächen ist $2N$. Deshalb ist die Euler-Charakteristik $\chi(M)$ gleich

$$N \sum \frac{1}{n_i} - Nk + 2N,$$

und wegen $\chi = 2 - 2g$ ergibt sich die Behauptung. □

Ähnlich wie in Beispiel 7.1 auf Seite 120 wird der Billardfluss auf der Fläche M an den Ecken Singularitäten in Form von Sattelpunkten haben. Der letzte Beweis zeigt, dass die i-te Ecke von M das Ergebnis des Verklebens von $2n_i$ Kopien des Winkels $\pi m_i/n_i$ ist, die sich zu $2\pi m_i$ aufsummieren. Außer für $m_i = 1$ erhalten wir daher einen Sattelpunkt. Es ist interessant, den Fall zu beschreiben, wenn alle $m_i = 1$ und die Singularitäten hebbar sind.

Lemma 7.6 *Haben die Winkel eines k-gons alle die Form π/n_i, so sind die Zahlen n_i bis auf Permutationen folgendermaßen:*

$$(3,3,3),\ (2,4,4),\ (2,3,6),\ (2,2,2,2).$$

Diesen Zahlen entsprechen die folgenden Polygone: ein gleichseitiges Dreieck, ein gleichschenkliges rechtwinkliges Dreieck, ein rechtwinkliges Dreieck mit einem spitzen Winkel $\pi/6$ und ein Quadrat. In all diesen Fällen ist die Fläche M ein Torus.

Beweis. Die Winkelsumme in einem k-gon ist $\pi(k-2)$. Daher gilt die Gleichung:

$$\frac{1}{n_1} + \cdots + \frac{1}{n_k} = k-2. \tag{7.5}$$

Übung 7.9 Beweisen Sie, dass die einzigen Lösungen von (7.5) die in Lemma angegebenen sind.

Das Geschlecht der Fläche M wird in Satz 7.7 berechnet, und das Ergebnis ist $g = 1$. Folglich ist M ein Torus.

Ein gemeinsames Merkmal der Polygone aus Lemma 7.6 ist, dass ihre Entfaltungen die Ebene parkettieren (vgl. Abb. 7.7 auf Seite 111).

Das Billard in rationalen Polygonen ist ein sehr aktives und schnell wachsendes Forschungsgebiet. Angefangen mit der Arbeit von Kerckhoff et al. [60] gibt es ernstzunehmende Fortschritte im Verständnis der Dynamik von rationalen polygonalen Billards. Diese Fortschritte stützen sich auf die komplexe Analysis (vgl. Masur und Tabachnikov [65] für eine Übersicht zu diesem Thema).

Wir werden hier nur ein paar Worte über diese Resultate sagen. Wie wir gesehen haben, reduziert sich das Billard in einem rationalen Polygon P auf einen Fluss in einer festen Richtung auf einer Fläche M. Diese Fläche hat eine flache, von P vererbte Metrik. Diese Metrik hat Kegelsingularitäten mit Kegelwinkeln, die Vielfache von 2π sind. Um ein Verständnis einer einzelnen flachen Fläche zu gewinnen, untersucht man den Raum aller solcher Flächen. Der Raum der flachen Flächen hat eine natürliche Topologie. Auf dem Raum wirkt die Gruppe $\mathbf{SL}(2,\mathbf{R})$. Diese Gruppenwirkung ist für die Untersuchung wesentlich.

Um Ihnen eine Vorstellung von den Resultaten zu geben, die man auf diese Weise erhält, formulieren wir zwei Sätze. Beide Aussagen sind Ihnen für den Fall eines Quadrats vertraut. Der erste Satz, der von H. Masur formuliert wurde, bezieht sich auf periodische Bahnen. Rufen Sie sich ins Gedächtnis, dass sie in parallelen Scharen auftreten. Sei $N(t)$ die Anzahl der Streifen von periodischen Bahnen einer Länge kleiner als t. Für jedes rationale Polygon existieren dann Konstanten c und C, sodass für hinreichend große t gilt:

$$ct^2 < N(t) < Ct^2 .$$

Ein anderer Satz von W. Veech bezieht sich auf regelmäßige Polygone P (tatsächlich noch auf viel mehr, nämlich die sogenannten Veech-Polygone; ihre Definition geben wir nicht an). Für eine vorgegebene Richtung θ gilt die folgende Dichotomie: Entweder ist jede Billardbahn in der Richtung θ unendlich und gleichmäßig in P verteilt oder jede Bahn in dieser Richtung ist periodisch (oder trifft eine Ecke). Für ein allgemeines rationales Polygon gilt diese Dichotomie ganz und gar nicht!

Kapitel 8
Chaotische Billardsysteme

In diesem Kapitel werden wir uns mit chaotischen Billardsystemen befassen. Das ist ein ziemlich umfangreiches und technisch anspruchsvolles Thema. Den interessierten Leser verweisen wir auf die Übersichtsartikel [21, 30, 41, 57, 96, 102, 106]. Anstatt systematisch in die Konzepte der hyperbolischen Dynamik einzuführen, betrachten wir zwei Beispiele, die als Modelle für die Resultate über hyperbolische Billards dienen; wir verweisen beispielsweise auf Katok und Hasselblatt [58] für eine systematische Untersuchung der hyperbolischen Dynamik.

► **Beispiel 8.1** Die folgende Transformation des Einheitsquadrats heißt Bäcker-Transformation: Strecken Sie das Quadrat horizontal zu einem $2 \times (1/2)$-Rechteck, zerschneiden Sie es mit einem vertikalen Schnitt in zwei Hälften und setzen Sie die rechte Hälfte auf die linke (vgl. Abb. 8.1).

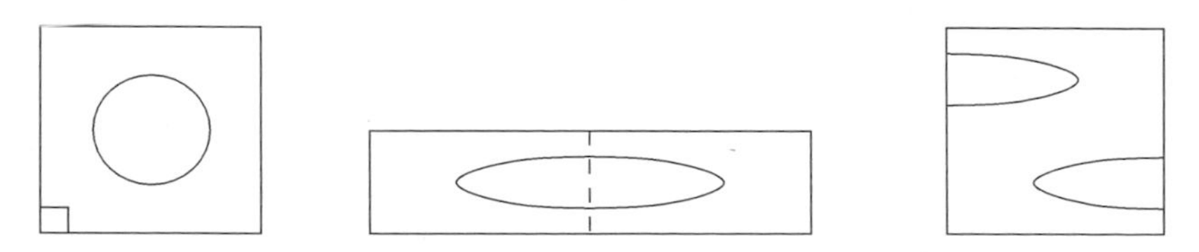

Abb. 8.1 Bäcker-Transformation

Die Bäcker-Transformation T zeigt chaotisches Verhalten. Betrachten wir beispielsweise ein kleines Quadrat in der unteren linken Ecke des Einheitsquadrats. Nach ein paar Iterationen von T ist das Bild dieses Quadrats vollkommen gleichmäßig über das Einheitsquadrat verteilt. Die Transformation ist sehr empfindlich gegenüber den Anfangsbedingungen, wie die nächste Übung zeigt.

Übung 8.1 Angenommen, Sie wollen gern eine Vorhersage darüber treffen, ob der Punkt $T^n(x)$ in der linken oder in der rechten Hälfte des Quadrats liegt. Zeigen Sie, dass Sie dazu die erste Koordinate des Punktes x mit einer Genauigkeit von $1/2^{n+1}$ kennen müssen.

Die Bäcker-Transformation lässt sich vollständig analysieren. Jede reelle Zahl zwischen 0 und 1 lässt sich als unendlicher Binärbruch der Form $0.a_1a_2a_3\dots$ darstellen. Dabei ist a_i entweder 0 oder 1. Das bedeutet:

$$x = \frac{a_1}{2} + \frac{a_2}{2^2} + \frac{a_3}{2^3} + \dots .$$

Übung 8.2 Geben Sie die Binärentwicklungen von $1/3$ und $1/7$ an.

Wir betrachten einen Punkt (x,y) mit

$$x = 0.a_1a_2a_3\dots \quad \text{und} \quad y = 0.b_1b_2b_3\dots .$$

Sei $T(x,y) = (X,Y)$.

Übung 8.3 Beweisen Sie, dass gilt:

$$X = 0.a_2a_3\dots \quad \text{und} \quad Y = 0.a_1b_1b_2\dots .$$

Kodiert man also (x,y) als eine unendliche Folge $(\dots b_2b_1.a_1a_2\dots)$, so besteht die Transformation T einfach in der Verschiebung des Binärpunktes um eine Stelle nach links. Ob ein Punkt in der linken oder rechten Hälfte des Quadrats liegt, hängt davon ab, ob die erste Ziffer nach dem Binärpunkt 0 oder 1 ist. Für den Punkt $T^n(x,y)$ hängt das demnach von der n-ten Binärziffer von x ab. Das erklärt die Empfindlichkeit der Bäcker-Transformation gegenüber den Anfangsbedingungen.

Übung 8.4 Beweisen Sie, dass periodische Punkte der Bäcker-Transformation überall dicht sind.

Das wichtigste Merkmal der Bäcker-Transformation ist, dass sie in der horizontalen Richtung streckt und in der vertikalen staucht; das bezeichnet man als hyperbolisches Verhalten.

► **Beispiel 8.2** Sei A eine invertierbare 2×2-Matrix mit ganzzahligen Einträgen, beispielsweise

$$A = \begin{pmatrix} 1 & 1 \\ 1 & 0 \end{pmatrix}.$$

Dann wirkt die Matrix A auf dem $\mathbf{R}^2$ und erhält das Gitter $\mathbf{Z}^2$, sie definiert also eine Transformation des Torus $T^2 = \mathbf{R}^2/\mathbf{Z}^2$. Anders als die Bäcker-Transformation ist diese Transformation (die wir mit demselben Buchstaben bezeichnen) stetig. Solche Transformationen werden oft als Arnolds Katzenabbildungen bezeichnet (engl. *cat map* für „**c**ontinuous **a**utomorphisms of a **t**orus").

Die Matrix A hat zwei reelle Eigenwerte $\lambda_{1,2} = (1 \pm \sqrt{5})/2$. Die zugehörigen Eigenräume haben die Anstiege $\lambda_1 - 1$ und $\lambda_2 - 1$; die lineare Abbildung A streckt in der ersten und staucht in der zweiten Eigenrichtung. Die Projektion einer Geraden, die eine der beiden Eigenrichtungen hat, ist auf dem Torus dicht.

Wir wählen eine kleine Kreisscheibe auf T^2 und wenden die Abbildung A darauf an. Nach ein paar Iterationen wird die Kreisscheibe zu einem sehr langen und schmalen Gebiet, einer „Nadel", die entlang der streckenden Eigenrichtung auseinandergezogen ist. Daraus folgt, dass die Bahn dieser Kreisscheibe im Torus dicht ist (vgl. Kapitel 2).

Übung 8.5 **a)** Beweisen Sie, dass jeder Punkt des Torus mit rationalen Koordinaten unter der Abbildung A periodisch ist.
b) Beweisen Sie dasselbe für eine beliebige Matrix $A \in \mathbf{SL}(2, \mathbf{Z})$.

Was diese Beispiele gemeinsam haben, ist ihr hyperbolisches Verhalten: die Existenz von Richtungen, in denen die Abbildung streckt und staucht (instabile und stabile Richtungen). Als Konsequenz erhält man die Eigenschaften, die in der Regel mit Chaos einhergehen: Empfindlichkeit gegenüber den Anfangsbedingungen, Dichtheit periodischer Orbits, Dichtheit des Orbits jeder offenen Menge, usw.[1]

Die ersten Beispiele für Billard mit hyperbolischer Dynamik stammen von Ya. Sinai [100]: Diese Billards sind von stückweise glatten Kurven beschränkt, deren glatte Komponenten streng innen konvex sind und die sich transversal schneiden (vgl. Abb. 1.5 auf Seite 8 mit einem Torus oder einem konvexen Loch und Abb. 8.2). Ein paralleles Lichtbündel wird nach der Reflexion an einem konvexen Spiegel gestreut. Deshalb nennt man solche Billards streuend (dispersiv).

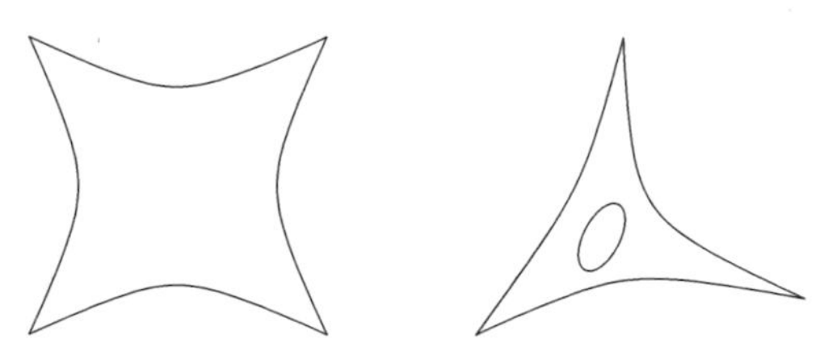

Abb. 8.2 Sinai-Billards

[1] Sie sollten ein weiteres, sehr wichtiges Beispiel für hyperbolische Dynamik im Kopf behalten: den geodätischen Fluss auf einer negativ gekrümmten Mannigfaltigkeit, wie etwa der hyperbolischen Ebene.

Wir wollen dieses Phänomen etwas detaillierter untersuchen. In erster Linie hat die Billardkugelabbildung in einem streuenden Billard Unstetigkeiten. Dafür gibt es zwei Quellen: Eine Bahn kann eine Ecke treffen, und eine Bahn kann an den Rand des Billardtisches tangential sein. Diese Unstetigkeiten verkomplizieren die Untersuchung der Billardkugelabbildung entscheidend.

Rufen Sie sich die Diskussion der projektiven Dualität aus Kapitel 5 ins Gedächtnis: Zu einem Punkt der Ebene gehört eine 1-parametrige Geradenschar durch diesen Punkt. Eine infinitesimale 1-parametrige Strahlenschar besteht aus den Strahlen, die durch einen Fokus laufen (oder im Grenzfall aus parallelen Strahlen, für die der Fokus im unendlich fernen Punkt liegt). Sei eine orientierte Gerade x gegeben. Dann ist eine Richtung im Tangentialraum T_xM zum Phasenraum der Billardkugelabbildung M durch die Wahl des Fokus auf x bestimmt. Der Betrag eines Tangentialvektors ist durch den Winkel charakterisiert, den die infinitesimale Schar durch den Fokus bildet.

Wir wollen eine streuende, infinitesimale Strahlenschar betrachten, deren Fokus vor dem Reflexionspunkt auf dem Rand des Billardtisches liegt. Eine Reflexion am innen konvexen Rand wird durch die Spiegelgleichung (5.9) beschrieben. In dieser Gleichung ist $k < 0$; deshalb ist auch $b < 0$. Das bedeutet, dass der Fokus der reflektierten infinitesimalen Strahlenschar außerhalb des Billardtisches liegt. Darüber hinaus gilt $1/|b| > 1/a$, was bedeutet, dass die reflektierte infinitesimale Schar einen größeren Winkel hat als die einfallende Schar (vgl. Abb. 8.3). Das ist die für hyperbolische Dynamik charakteristische Streckung. Wir verweisen auf Chernov und Markarian [30] für eine ausführliche Analyse.

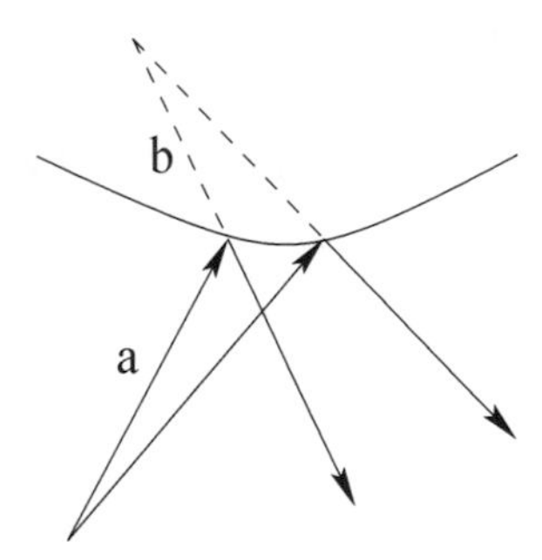

Abb. 8.3 Reflexion an einem streuenden Teil des Randes

Über die stochastischen Eigenschaften streuender Billards gibt es viele Resultate, von denen etliche von L. Bunimovich, N. Chernov und Ya. Sinai stammen. So ist ein streuendes Billard beispielsweise *ergodisch*: Das bedeutet, dass die einzigen Teilmengen des Phasenraums, die unter der Billardkugelabbildung invariant sind, entweder das Maß null oder ein volles Maß haben. Ein weiteres Resultat besagt, dass die Anzahl der periodischen Billardbahnen mit einer Periode, die nicht größer als n

ist, von unten durch $\exp(Cn)$ beschränkt ist. Das gilt für eine Konstante C und alle hinreichend großen n. Das ist natürlich ein großer Unterschied zum polygonalen Fall (vgl. Kapitel 7).

Mitte der 1970er Jahre entdeckte L. Bunimovich eine neue Art von chaotischen Billards, nämlich diejenigen mit außen konvexen Randkomponenten (vgl. Abb. 8.4 mit drei Beispielen). Der erste dieser Billardtische ist vermutlich der populärste in der mathematischen und physikalischen Literatur; er besteht aus zwei Halbkreisen, die durch gemeinsame Tangenten verbunden sind. Man nennt ihn „Stadium". Vergegenwärtigen Sie sich, dass das Stadium eine differenzierbare Kurve ist, seine Krümmung aber Unstetigkeiten hat.

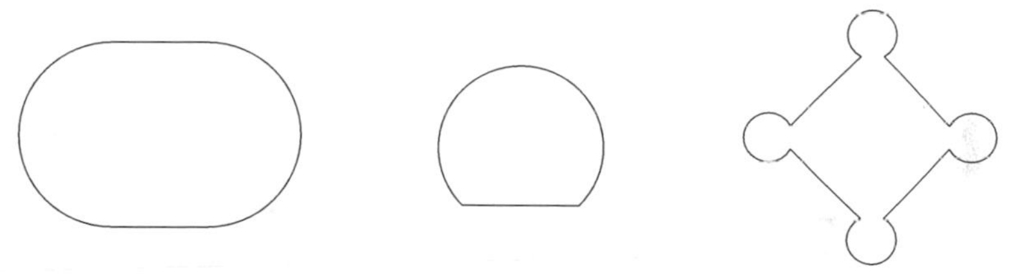

Abb. 8.4 Bunimovich-Billards

Kürzlich führte Bunimovich in [22] eine Klasse von Billards ein, die sogenannten „Pilze" (vgl. Abb. 8.5). Diese Billards vereinen integrables und chaotisches Verhalten. Um diese Klasse von Billards geht es in der nächsten Übung.

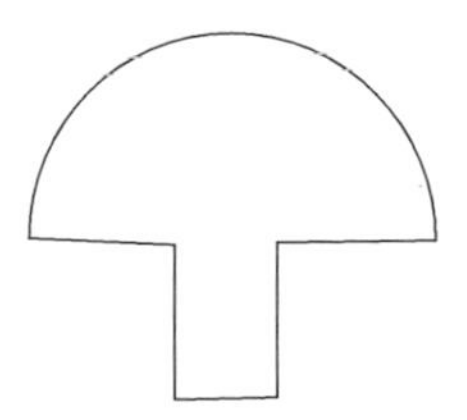

Abb. 8.5 Pilzbillard

Übung 8.6 Betrachten Sie die Menge A der Geradenabschnitte im Innern der runden Kappe des „Pilzes", deren Bilder unter der Billardkugelabbildung nie in seinen Stamm gelangen. Beweisen Sie, dass die Billardkugelabbildung in A vollständig integrabel ist.

Im Komplement der Menge A ist die Billardkugelabbildung chaotisch.

Inzwischen sind aufgrund gemeinsamer Anstrengungen vieler Mathematiker verschiedene Vorgehensweisen zur Konstruktion chaotischer Billards bekannt. Wir werden diejenige etwas genauer beschreiben, die von M. Wojtkowski [117] stammt.

Um die Hyperbolizität der Billardkugelabbildung T nachzuweisen, muss man nur ein T-invariantes Feld von Kegeln (oder Sektoren) im Tangentialraum des Phasenraumes konstruieren. Genauer hat für jeden Punkt $x \in M$ des Phasenraums der Tangentialraum T_xM einen ausgezeichneten Kegel $C(x)$, sodass $(DT)(C(x)) \subset C(T(x))$ gilt. Dabei ist DT das Differential der Billardkugelabbildung T. Es muss eine echte Teilmenge sein, und das Kegelfeld muss nicht stetig sein; es reicht, wenn es eine messbare Abhängigkeit von x gibt. Solche T-invarianten Kegel gibt es in den Beispielen 8.1 und 8.2 offensichtlich: Geeignet sind im ersten Fall Kegel, die die Horizontale einschließen, und im zweiten Fall solche, die die streckende Richtung enthalten.

Wojtkowskis Vorgehensweise besteht darin, geometrisch ein bestimmtes Sektorenfeld zu definieren und dann die Klasse der Billardtische zu beschreiben, für die diese Kegel unter der Billardkugelabbildung invariant sind. Die Definition ist folgendermaßen.

Sei γ eine glatte ebene Kurve, und sei $t \in \gamma$ ein Punkt der Kurve. Mit $D(t)$ wollen wir den Kreis bezeichnen, den man aus dem Schmiegekreis bei t erhält, wenn man eine um t zentrierte Streckung mit dem Koeffizienten $1/2$ darauf anwendet. Nehmen wir an, dass γ zum Rand des Billardtisches gehört, der außen konvex ist. Dann betrachten wir einen Phasenpunkt, also einen Einheitstangentialvektor v mit dem Fußpunkt bei t, und sei ℓ die Gerade durch t in Richtung v. Wir betrachten die Menge der Einheitsvektoren mit Fußpunkten auf γ in einer Umgebung von t, sodass sich die zugehörigen Geraden ℓ im Innern des Kreises $D(t)$ schneiden. Mit anderen Worten: Wir betrachten die infinitesimalen Strahlenscharen, die ℓ enthalten und in $D(t)$ fokussieren. Das definiert den Kegel $C(x)$ für $x = (t, v)$.

Sei γ ein Teil des Randes eines Billardtisches, der außen konvex ist. Dann ist der Kegel C durch die Bedingung definiert, dass der Fokus der infinitesimalen Strahlenschar außerhalb des Tisches liegt. Schließlich sind die flachen Teile der Billardkurve irrelevant, und es ist egal, wie man die Kegel darin definiert. Das liegt am Entfaltungstrick: Man kann den Tisch an einer flachen Komponente des Tisches reflektieren und die Billardbahnen durch sie hindurch als Geraden verlängern.

Das Kegelfeld haben wir definiert, nun müssen wir Bedingungen für die Billardkurve bestimmen, die sicherstellen, dass die Billardkugelabbildung T dieses Kegelfeld erhält. Wir müssen drei Fälle betrachten: Ein Geradenabschnitt einer Billardbahn verbindet zwei innen konvexe (streuende) Kurven, eine außen konvexe und eine innen konvexe Kurve oder zwei innen konvexe Kurven. In jedem Fall kommt die Spiegelgleichung (5.9) zur Anwendung. Die beiden Kurven nennen wir γ_1 und γ_2.

Im ersten Fall ist $k < 0$ und $a > 0$. Aus der Spiegelgleichung ergibt sich $b < 0$; d. h. der Fokus des reflektierten infinitesimalen Bündels liegt außerhalb des Tisches. Das bedeutet, dass T den Kegel auf γ_1 in das Innere des Kegels auf γ_2 abbildet.

Nun sehen wir uns den interessantesten dritten Fall an, nämlich den zweier außen konvexer Kurven (vgl. Abb. 8.6). Seien t_1 und t_2 die Punkte auf den Kurven γ_1 und γ_2, und sei $L = |t_1t_2|$. Sei v_1 der Einheitsvektor von t_1 nach t_2, und sei v_2 die Reflexion von v_1 an γ_2. Dann ist $x_1 = (t_1, v_1)$ und $x_2 = (t_2, v_2)$. Die Krümmungen der Kurven in den Punkten t_1 und t_2 seien k_1 und k_2, und α_1 und α_2 seien die Winkel, die der Geradenabschnitt t_1t_2 mit den Kurven bildet. Schließlich wollen wir die Längen der Teile von t_1t_2 im Innern der Kreise $D(t_1)$ und $D(t_2)$ mit d_1 und d_2 bezeichnen.

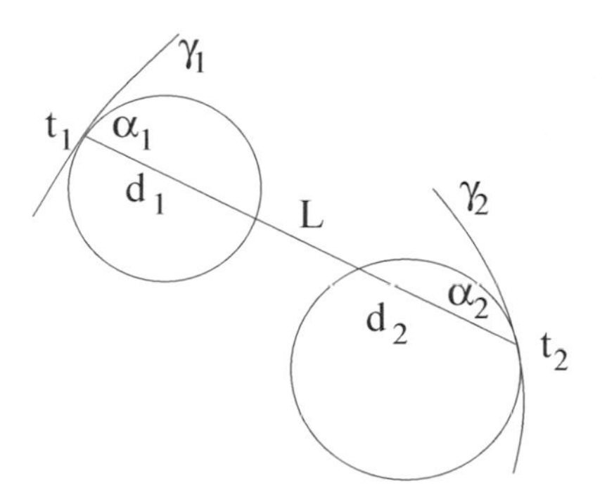

Abb. 8.6 Invariantes Kegelfeld

Lemma 8.1 *Angenommen, es gilt $L > d_1 + d_2$. Dann bildet die Billardkugelabbildung den Kegel $C(x_1)$ streng in das Innere des Kegels $C(x_2)$ ab.*

Beweis. In der Darstellung der Spiegelgleichung wollen wir zeigen, dass $0 < b < d_2$ oder analog dazu $1/b > 1/d_2$ gilt. Der Durchmesser des Kreises $D(t_2)$ ist $1/k_2$, und folglich ergibt sich mithilfe elementarer Geometrie $d_2 = \sin\alpha_2/k_2$. Deshalb kann die Spiegelgleichung in der Form

$$\frac{1}{a} + \frac{1}{b} = \frac{2}{d_2}$$

geschrieben werden, und daher ist die Ungleichung $1/b > 1/d_2$ äquivalent zu

$$\frac{1}{a} < \frac{1}{d_2}. \tag{8.1}$$

Aus der Definition von $C(x_1)$ ergibt sich, dass $L - d_1 < a < L$ gilt; deshalb ist

$$\frac{1}{a} < \frac{1}{L - d_1}. \tag{8.2}$$

Wegen $L > d_1 + d_2$ ergibt sich (8.1) aus (8.2), und wir sind fertig. □

Übung 8.7 Betrachten Sie den zweiten Fall, in dem γ_1 außen konvex und γ_2 innen konvex ist. Sei d die Länge des Teils von t_1t_2 im Innern von $D(t_1)$ und $L = |t_1t_2|$. Beweisen Sie: Für $L > d$ bildet die Billardkugelabbildung den Kegel $C(x_1)$ streng in das Innere des Kegels $C(x_2)$ ab. Wie verhält es sich, wenn die Rollen von γ_1 und γ_2 vertauscht sind?

Wir brauchen Lemma 8.1 und Übung 8.7 nur noch umzusetzen, um Billards mit einer hyperbolischen Dynamik zu konstruieren. Um sicherzustellen, dass die ersten beiden Bedingungen erfüllt sind, bewegt man nicht-flache Teile des Randes hinreichend weit weg, um L hinreichend groß zu machen.

Betrachten wir beispielsweise das Stadium. Für einen Kreis gilt $L = d_1 + d_2$ (vgl. Abb. 8.7). Solange die Billardbahn in einem der beiden Halbkreise des Stadiums reflektiert wird, erhält das Differential der Billardkugelabbildung das Sektorfeld exakt. Für den Fall, dass die Bahn von einem Halbkreis zum anderen verläuft, wobei sie möglicherweise an den flachen Stücken zwischenreflektiert wird, gilt die Ungleichung $d_1 + d_2 < L$. In einem solchen Fall wird der Kegel $C(x_1)$ streng in das Innere des entsprechenden Kegels $C(x_2)$ abgebildet. Da fast jede Bahn beide Halbkreise besucht, gilt die gewünschte Bedingung und das Billardsystem ist hyperbolisch.

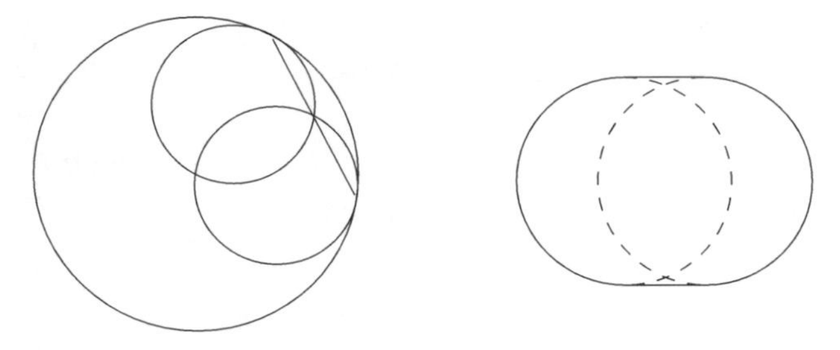

Abb. 8.7 Wie man ein Stadium aus einem Kreis konstruiert

Wir müssen nun noch den dritten Fall betrachten, in dem γ_1 und γ_2 Teile desselben Randstückes des Billardtisches sind, der außen konvex ist. Das nächste Lemma liefert eine Antwort.

Lemma 8.2 *Die Ungleichung $d_1 + d_2 < L$ gilt für jede Sehne einer glatten konvexen, nach dem Bogenlängenparameter parametrisierten Kurve $\gamma(t)$ genau dann, wenn ihr Krümmungsradius $r(t)$ eine (sreng) konkave Funktion ist: $r'' \leq 0$.*

Beweis. Wir wählen ein kartesisches Koordinatensystem so, dass $\gamma(t_1)$ der Ursprung und die Gerade $\gamma(t_1)\gamma(t_2)$ die x-Achse ist. Mit $\phi(t)$ bezeichnen wir den Winkel zwischen der Kurve γ und der x-Achse. Dann ist $x'(t) = \cos\phi(t)$, $y'(t) = \sin\phi(t)$ und $1/r(t) = \phi'(t)$. Es gilt außerdem $d_1 = -r(t_1)\sin\phi(t_1)$, $d_2 = r(t_2)\sin\phi(t_2)$. Damit erhalten wir:

$$
\begin{aligned}
L &= \int_{t_1}^{t_2} x'(t)\, dt = \int_{t_1}^{t_2} \cos\phi(t)\, dt = \int_{t_1}^{t_2} \sin'\phi(t) r(t)\, dt \\
&= r(t_2)\sin\phi(t_2) - r(t_1)\sin\phi(t_1) - \int_{t_1}^{t_2} \sin\phi(t) r'\, dt\,.
\end{aligned}
$$

Folglich gilt:

$$\begin{aligned} L - d_1 - d_2 &= -\int_{t_1}^{t_2} \sin\phi(t) r' \, dt = -\int_{t_1}^{t_2} y'(t) r' \, dt \\ &= -y(t_2) r'(t_2) + y(t_1) r'(t_1) + \int_{t_1}^{t_2} y(t) r'' \, dt = \int_{t_1}^{t_2} y(t) r'' \, dt, \end{aligned}$$

weil $y(t_1) = y(t_2) = 0$ ist. Wegen $y(t) < 0$ für $t \in [t_1, t_2]$ ergibt sich die Voraussetzung. Ist dagegen in einem Punkt t die Krümmung $r'' > 0$, so erhält man für t_1 und t_2 hinreichend nah an t die Ungleichung $L - d_1 - d_2 < 0$. □

Wir geben nun einige Beispiele für Kurven an, die die Bedingung $r'' \leq 0$ erfüllen: Ein Kreisbogen, ein Bogen einer logarithmischen Spirale; ein Bogen einer Zykloide; ein Bogen einer Ellipse

$$\frac{x^2}{a^2} + \frac{y^2}{b^2} = 1, \quad a < b,$$

auf der $|x| \leq a/\sqrt{2}$ gilt. Vergegenwärtigen Sie sich, dass die Bedingung $r'' < 0$ unter kleinen Störungen der Kurve stabil ist.

Wojtkowski formulierte die folgenden Prinzipien für den Entwurf hyperbolischer Billards:

- Jede außen konvexe Komponente des Randes sollte die Ungleichung $r'' < 0$ erfüllen.
- Jede außen konvexe Komponente sollte sich hinreichend weit entfernt von jeder anderen derartigen Komponente befinden.
- Treffen sich zwei Komponenten in einer Ecke, so sollte der innere Winkel zwischen ihnen größer als π sein, wenn beide Komponenten außen konvex sind. Er sollte nicht kleiner als π sein, wenn eine Komponente außen konvex und die andere innen konvex ist. Und er sollte größer als $\pi/2$ sein, wenn eine Komponente außen konvex und die andere flach ist.

Einige Beispiele sind in Abb. 8.8 dargestellt: Die erste Kurve ist die Kardiode und die zweite ist ein Einheitsquadrat mit einem sternförmigen Loch $|x|^{2/3} + |y|^{2/3} = a^{2/3}$. Für $a \leq \sqrt{2}/4$ ist dieses Billard hyperbolisch.

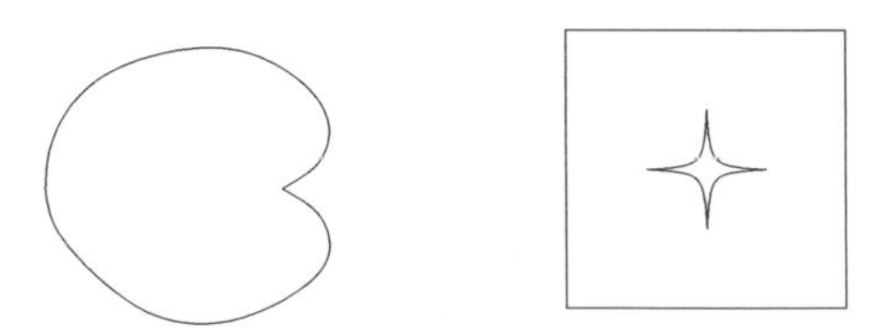

Abb. 8.8 Beispiele für Wojtkowski-Billards

Es sind auch mehrdimensionale Billards mit hyperbolischer Dynamik bekannt. Genauso wie in der Ebene kann man auf streuende Randkomponenten zurückgreifen. Beachtliche Anstrengungen waren notwendig, um mehrdimensionale Gegenstücke von Bunimovich-Billards zu konstruieren (vgl. [22, 23, 24]); ein Beispiel ist ein Würfel mit einer sphärischen Kuppel.

Wir beenden dieses Kapitel mit einer kurzen Diskussion der Boltzmann-Hypothese (vgl. Szász [103] für eine Übersicht). Ein idealisiertes Modell für ein Gas beschäftigt sich mit elastischen Kugeln, sagen wir n Kugeln im Raum oder in einem Kasten (noch besser mit periodischen Randbedingungen, d. h. auf einem Torus). Der Konfigurationsraum dieses Systems ist die Teilmenge des $\mathbf{R}^{3n}$, die zu den Orten der Kugelmittelpunkte gehört. Dort gelten Ungleichungen, die besagen, dass sich die Kugeln gegenseitig nicht durchdringen. Demzufolge ist der Konfigurationsraum das Komplement der Vereinigung eines Zylinders, und das System der elastischen Kugeln ist isomorph zum Billard in diesem Raum (vgl. Kapitel 1 und 7). Dieses Billard ist halbstreuend (semidispersiv).

Nach der berühmten Boltzmann-Hypothese der statistischen Physik, die in den 1960er Jahren von Sinai streng formuliert wurde, ist das Gas aus $n \geq 2$ identischen harten Kugeln (mit einem kleinen Radius) auf einem d-dimensionalen Torus ergodisch. Und zwar unter der Voraussetzung, dass die Gesamtenergie konstant bleibt, der Gesamtimpuls null ist und der Schwerpunkt fest ist. Die Annahme, dass die Kugeln einen kleinen Radius haben, ist notwendig, damit der Konfigurationsraum zusammenhängend ist. Insbesondere ergibt sich aus der Boltzmann-Hypothese, dass das System aus identischen, elastischen Kugeln keine anderen Bewegungsintegrale hat als die klassischen (kinetische Energie, Gesamtimpuls und Schwerpunkt).

Die Boltzmann-Hypothese ist ein sehr schweres Problem, das in den vergangenen Jahren viel Aufmerksamkeit auf sich gezogen hat. Der erste bahnbrechende Beitrag stammt von Sinai [100], der die Ergodizität für zwei Kreisscheiben in 2 Dimensionen bewies. Später bewies er zusammen mit Chernov die Ergodizität für zwei Kugeln in einer beliebigen Dimension. Der gegenwärtige Stand der Forschung ist folgendermaßen: Die Hyperbolizität wurde für alle Systeme aus harten Kugeln auf einem Torus bewiesen genauso wie die Ergodizität für eine beliebige Anzahl von Kreisscheiben beliebiger Masse in 2 Dimensionen (vgl. [97, 98]). Ein physikalisch interessantes Modell ist das Gas aus harten Kugeln in einem Kasten mit flachen Wänden. Das bisher einzige Resultat darüber stammt von Simanyi, der die Ergodizität des Modells für zwei Kugeln bewies [95].

Kapitel 9
Duales Billard

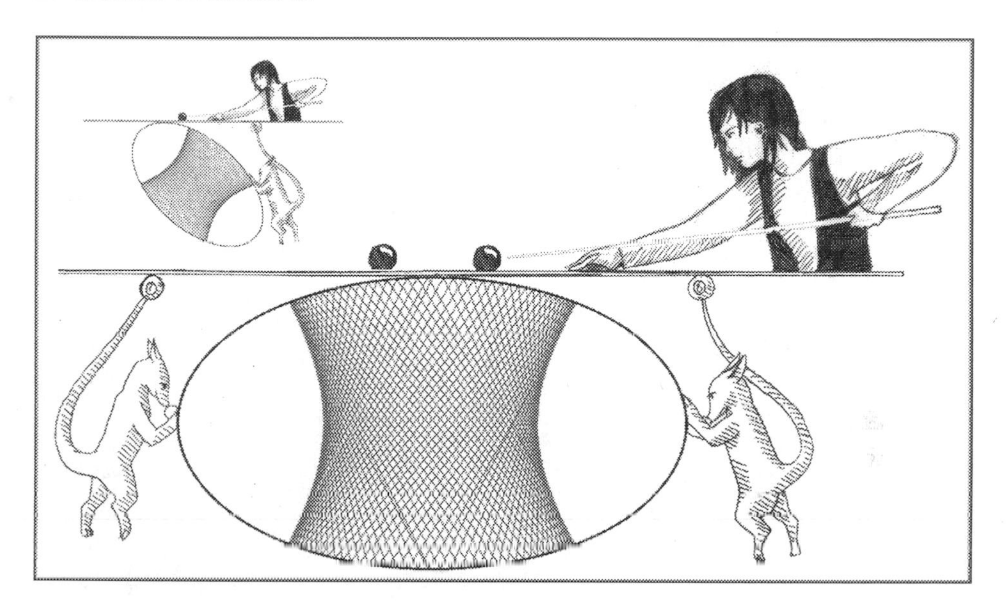

Duales Billard oder Außenbillard erinnert in vielerlei Hinsicht an herkömmliches Billard (Innenbillard). Der duale Billardtisch P ist eine ebene Eikurve. Wir wollen einen Punkt x außerhalb von P abbilden. Von x aus gibt es zwei Tangenten an P; wir müssen uns für eine der beiden Tangenten entscheiden, wir wählen hier die von x aus gesehen rechte. Dann spiegeln wir x am Berührungspunkt z der Tangente mit der Eikurve. Dadurch erhalten wir einen neuen Punkt y, und die Transformation $T : x \mapsto y$ ist die duale Billardkugelabbildung (vgl. Abb. 9.1). Anders als das innere Billard ist das duale Billard ein zeitdiskretes System.

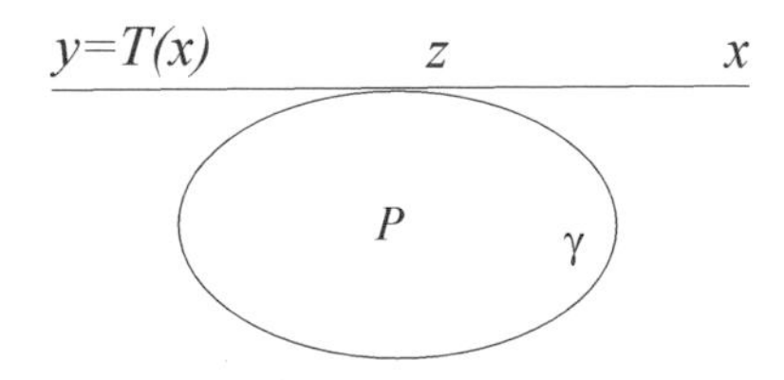

Abb. 9.1 Definition der dualen Billardkugelabbildung

Die Definition der dualen Billardkugelabbildung hat eine Schwäche. T ist nicht definiert, wenn der Berührungspunkt z nicht eindeutig ist. Das ist der Fall, wenn die Billardkurve γ (der Rand von P) einen geraden Abschnitt enthält. Das gilt beispielsweise, wenn γ ein Polygon ist. Die duale Billardkugelabbildung ist dann für die Punkte auf den Verlängerungen der geraden Abschnitte von γ nicht definiert. Die Menge dieser Verlängerungsgeraden ist abzählbar und daher eine Menge vom Maß null. Also haben wir immer noch genügend Platz, um das duale Billard zu spielen. Wie beim gewöhnlichen Innenbillard gilt: Trifft eine Billardkugel eine Ecke des Billardtisches, so ist ihre Bewegung über diese Ecke hinaus nicht definiert.

Ein anderer nützlicher Kommentar zur Definition ist, dass die duale Billardkugelabbildung mit den affinen Transformationen der Ebene kommutiert. Ist nämlich A eine solche Transformation, γ eine duale Billardkurve und T_γ die zugehörige duale Billardkugelabbildung, so gilt:

$$T_{A(\gamma)} \circ A = A \circ T_\gamma .$$

Aus Sicht des dualen Billards gibt es insbesondere keinen Unterschied zwischen einem Kreis und einer Ellipse.

Duale Billards wurden in den 1950er Jahren vermutlich von B. Neumann eingeführt und von J. Moser in [70, 71] populär gemacht. Moser betrachtet das duale Billard als Spielzeugmodell für die Planetenbewegung: Die Bahn eines Punktes um den dualen Billardtisch erinnert an die Bahn eines Himmelskörpers. Wie die Planetenbewegungen lässt sich die Dynamik des dualen Billards leicht definieren, aber nur schwer analysieren: Insbesondere ist überhaupt nicht klar, ob die Bahn eines Punktes ins Unendliche laufen oder auf den Tisch „fallen" kann, eine Frage, die erstmals B. Neumann stellte.

Zu vielen Themen, die wir in diesem Buch diskutiert haben, gibt es Gegenstücke im Außenbillard. In diesem letzten Kapitel wollen wir ausgewählte Resultate über Außenbillard erwähnen, die in den letzten 30 Jahren erzielt wurden. Übersichten zu diesem Thema finden Sie in [34, 104, 106].

Beginnen wollen wir mit zwei Motivationen. Zuerst geben wir wie in Kapitel 1 eine Interpretation des dualen Billardsystems als ein mechanisches System an, nämlich als ein Stoßoszillator. Wir wollen uns an der Arbeit [20] von Boyland orientieren. Dazu betrachten wir einen harmonischen Oszillator auf der Geraden, d. h. ein Teilchen, dessen Koordinate als Funktion der Zeit eine Linearkombination von $\sin t$ und $\cos t$ ist. Links vom Teilchen gibt es eine sich 2π-periodisch bewegende massive Wand, deren Ort $p(t)$ die Differentialgleichung $p''(t) + p(t) = r(t)$ erfüllt. Dabei ist $r(t)$ eine nicht-negative periodische Funktion, die zwangsläufig die Bedingungen

$$\int_0^{2\pi} r(t) \sin t \, dt = \int_0^{2\pi} r(t) \cos t \, dt = 0 \tag{9.1}$$

erfüllt. Trifft das Teilchen auf die Wand, findet eine elastische Reflexion statt, sodass die Geschwindigkeit des Teilchens gegenüber der Wand augenblicklich das Vorzeichen wechselt.

Übung 9.1 Beweisen Sie, dass für $r = p'' + p$ die Gleichung (9.1) gilt.

Dieses mechanische System ist isomorph zum dualen Billard um eine geschlossene konvexe Kurve $\gamma(t)$, die nach dem Winkel parametrisiert ist, den ihre Tangente mit der Horizontalen bildet, und deren Krümmungsradius $r(t)$ ist. Wir wählen einen Ursprung O im Innern von γ. Die Stützfunktion sei $p(t)$. Wie wir aus Übung 3.8 auf Seite 37 wissen, gilt $p''(t) + p(t) = r(t)$.

Sei x ein Punkt außerhalb von γ. Die Ebene soll sich mit konstanter Winkelgeschwindigkeit um den Ursprung 0 drehen. Wir betrachten die Projektionen von x und γ auf die Horizontale. Der Ort eines umlaufenden Punktes ist als Funktion der Zeit t durch $(R\cos(t+t_0), R\sin(t+t_0))$ gegeben. Daher ist die Projektion des Punktes x ein harmonischer Oszillator auf der Geraden; der rechte Endpunkt der Projektion von γ ist die „Wand" $p(t)$. Stoßen Oszillator und Wand zusammen, so ist die Tangente von x an γ vertikal. Damit in der Projektion die elastische Reflexion stattfindet, muss der Punkt x im Berührungspunkt reflektiert werden (vgl. Abb. 9.2).

Übung 9.2 Beweisen Sie die letzte Aussage.

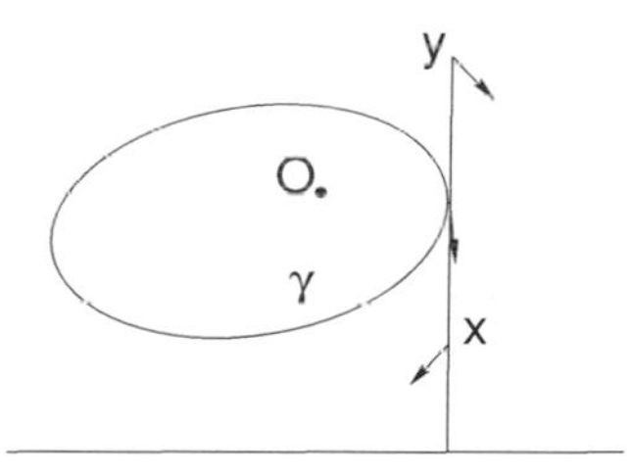

Abb. 9.2 Das duale Billard als ein Stoßoszillator

Die zweite Motivation und zugleich Rechtfertigung des Begriffs „duales Billard" ergibt sich aus der sphärischen Dualität, die wir in Beispiel 3.1 auf Seite 46 erwähnt haben. Rufen Sie sich ins Gedächtnis, dass es in der Einheitssphäre die Dualität zwischen Punkten und orientierten Geraden (d. h. Großkreisen) gibt: Zu einem Pol gehört der orientierte Äquator (vgl. Abb. 9.3). Vergegenwärtigen Sie sich, dass der sphärische Abstand AB gleich dem Winkel zwischen den Geraden a und b ist.

Wie die in den Kapiteln 4 und 5 diskutierte projektive Dualität lässt sich die sphärische Dualität auf glatte Kurven übertragen: Eine Kurve γ bestimmt eine 1-parametrige Tangentenschar, und jede Tangente bestimmt einen dualen Punkt. Die sich daraus ergebende 1-parametrige Punkteschar ist die duale Kurve γ^*.

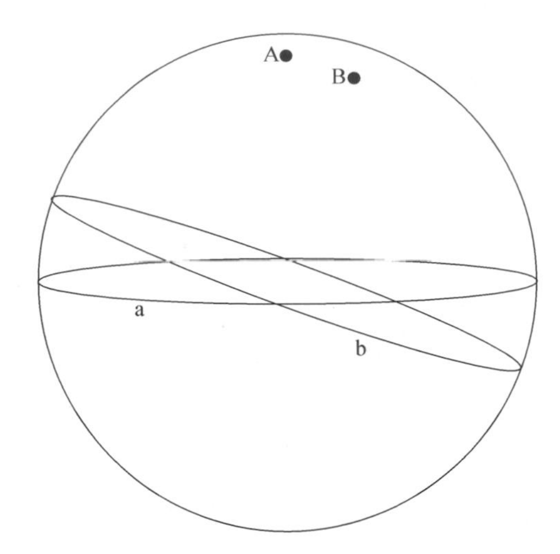

Abb. 9.3 Sphärische Dualität

Übung 9.3 **a)** Beweisen Sie, dass die sphärische Dualität die Inzidenz zwischen Geraden und Punkten erhält: Liegt ein Punkt A auf einer Geraden b, so liegt der duale Punkt B auf der dualen Geraden a (vgl. Übung 4.4 auf Seite 60).
b) Beweisen Sie, dass sich die duale Kurve γ^* aus γ ergibt, indem man jeden Punkt um $\pi/2$ in der zu γ orthogonalen Richtung verschiebt.
c) Beweisen Sie, dass $(\gamma^*)^*$ die zu γ entgegengesetzte Kurve ist.
d) Sei γ ein Kreis mit dem sphärischen Radius r. Was ist γ^*?

Wir betrachten eine Instanz der Billardreflexion an einer Kurve γ (vgl. Abb. 9.4). Das Billardreflexionsgesetz lautet: Der Einfallswinkel ist gleich dem Reflexionswinkel. Im dualen Bild bedeutet das $AL = LB$, und daher überführt die duale Billardreflexion an der dualen Kurve γ^* den Punkt A in B. Somit sind Innen- und Außenbillards im Sinne der sphärischen Dualität konjugiert, und die beiden Systeme sind

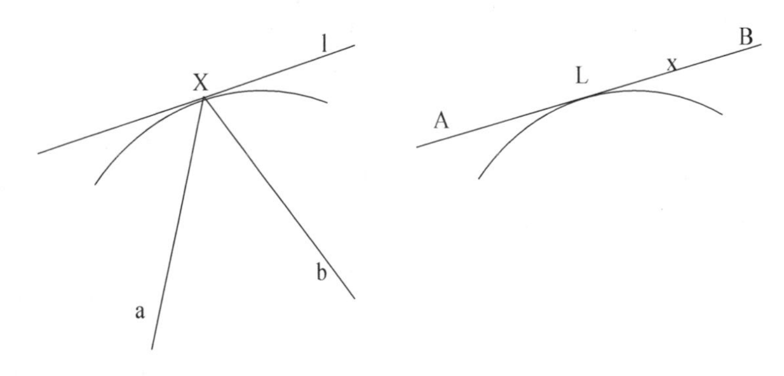

Abb. 9.4 Dualität zwischen Innen- und Außenbillard

auf der Sphäre isomorph. In der Ebene sind Innen- und Außenbillards unabhängig voneinander, und es gibt keine direkte Beziehung zwischen den Systemen.

Wir beginnen die Untersuchung der dualen Billardkugelabbildung mit ihrer grundlegenden Eigenschaft, nämlich der Flächentreue. Der folgende Satz ist das Gegenstück zu Satz 3.1 auf Seite 31.

Satz 9.1 *Für jeden dualen Billardtisch erhält die Abbildung t die Standardflächenform in der Ebene.*

Beweis. Wir nehmen an, dass die duale Billardkurve γ glatt ist. Wir wählen infinitesimal nah beieinander liegende Punkte X und X' auf γ. Für eine positive Zahl r betrachten wir die Tangentenabschnitte der Länge r an γ. Die Endpunkte dieser Abschnitte zeichnen die Kurven AA' und BB' (vgl. Abb. 9.5). Die duale Billardkugelabbildung T überführt AA' in BB'. Nun ersetzen wir r durch $r - \varepsilon$ und wiederholen die Konstruktion. Dabei ist ε infinitesimal. Wir erhalten zwei infinitesimale Vierecke $AA'C'C$ und $BB'D'D$, und die Abbildung T überführt das eine Viereck in das andere. Sei δ eine weitere infinitesimale Größe, und zwar der Winkel zwischen AB und $A'B'$.

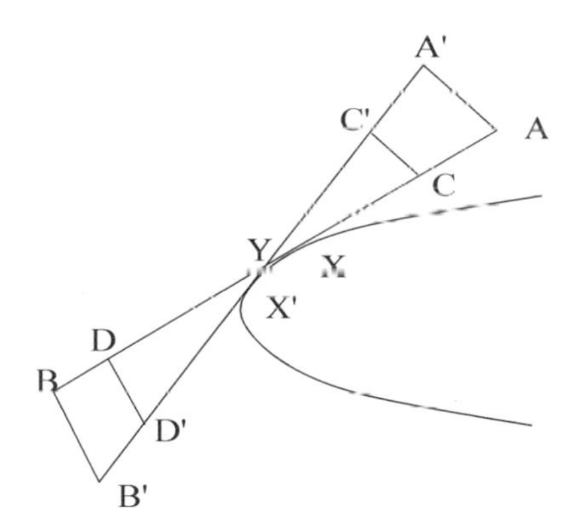

Abb. 9.5 Die Flächentreue der dualen Billardkugelabbildung

Wir wollen die Flächeninhalte der beiden Vierecke modulo ε^2 und δ^2 berechnen. Es gilt:

$$\text{Flächeninhalt } AYA' = \delta r^2/2; \quad \text{Flächeninhalt } CYC' = \delta(r-\varepsilon)^2/2 = \delta r^2/2 - \delta\varepsilon r,$$

und folglich ist der Flächeninhalt von $AA'C'C = \delta\varepsilon r$. Genauso ist der Flächeninhalt von $BB'D'D = \delta\varepsilon r$, woraus sich die Flächentreue ergibt. □

Als Konsequenz der Eigenschaft der Flächentreue ergibt sich ein Gegenstück des dualen Billards für die zu Beginn von Kapitel 5 beschriebene Fadenkonstruktion. Das war eine Methode, um einen Billardtisch aus einer Kaustik der Billardkugelabbildung zu rekonstruieren. Im vorliegenden Fall nehmen wir an, dass eine konvexe invariante Kurve Γ der dualen Billardkugelabbildung um eine duale Billardkurve γ gegeben ist. Können wir γ aus Γ zurückgewinnen?

Korollar 9.1 *Wir betrachten eine 1-parametrige Schar von Geraden, die ein Segment mit festem Flächeninhalt c von Γ abschneiden. Sei γ die Einhüllende dieser Schar.*[1] *Wenn γ eine glatte Kurve ist, dann hat die duale Billardkugelabbildung an γ die Kurve Γ als eine invariante Kurve (vgl. Abb. 9.6).*

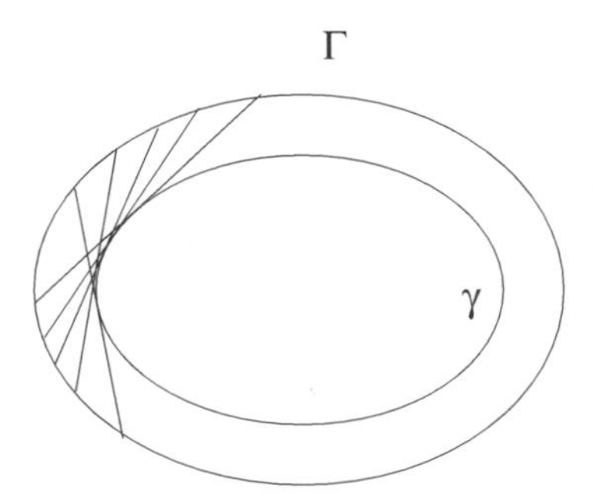

Abb. 9.6 Flächenkonstruktion

Beweis. Dieser Beweis folgt im Wesentlichen dem Beweis von Satz 9.1. Betrachten wir Abb. 9.5. Seien AA' und BB' Bogen der Kurve Γ. Da AB und $A'B'$ gleiche Flächen von Γ abschneiden, sind die Flächeninhalte der infinitesimalen Dreiecke AYA und BYB' gleich. Folglich gilt bis auf Terme höherer Ordnung in den infinitesimalen Größen $AY = YB$, und das Resultat ergibt sich für X' gegen X. □

Bedenken Sie, dass wir wie bei der Fadenkonstruktion eine ganze 1-parametrige Schar dualer Billards zu einer gegebenen invarianten Kurve erhalten. Vergegenwärtigen Sie sich außerdem, dass die Flächenkonstruktion leicht eine Kurve γ mit Singularitäten ergeben kann (vgl. Kapitel 5).

Übung 9.4 **a)** Sei Γ eine Ellipse. Was ist γ?
b) Beschreiben Sie die Einhüllende der Geraden, die von einem gegebenen Keil gleiche Flächen abschneiden.
c) Sei Γ ein Dreieck mit dem Flächeninhalt A. Beweisen Sie, dass für jedes c mit $0 < c < A/2$ die Einhüllende γ aus 6 Hyperbelbögen besteht und 6 Spitzen hat. Was passiert für $c = A/2$?

[1] Diese Konstruktion ist auch in der Theorie über den Auftrieb gängig. Dort entspricht dem Segment mit konstantem Flächeninhalt der umspülte Teil des schwimmenden Körpers; die Konstante c ist die Dichte der Flüssigkeit.

d) Sei Γ ein Quadrat. Beschreiben Sie die Entwicklung der Einhüllenden γ als Funktion von c.
e) Sei c die Hälfte des von Γ begrenzten Flächeninhalts. Beweisen Sie, dass γ eine ungerade Anzahl von Spitzen hat.

Das Äußere eines dualen Billardtisches mit der Form einer Ellipse ist durch invariante Kurven geblättert, die homothetische Ellipsen sind, und die duale Billardkugelabbildung ist integrabel. Mutmaßlich ist das der einzige integrable Fall; dies ist das duale Gegenstück der in Kapitel 5 diskutierten Birkhoff'schen Vermutung.

Als nächstes beschäftigen wir uns mit periodischen Bahnen der dualen Billardkugelabbildung. Wir nehmen an, dass die duale Billardkurve γ streng konvex und glatt ist. Eine n-periodische Bahn ist ein n-gon, das γ so umschrieben ist, dass jede Seite des n-gons durch den Berührungspunkt mit der Kurve halbiert wird. Wie beim Innenbillard hat eine solche Bahn eine Windungszahl ρ: Das ist die Anzahl der Windungen, die das umschriebene Polygon um den dualen Billardtisch ausführt (vgl. Abb. 9.7).

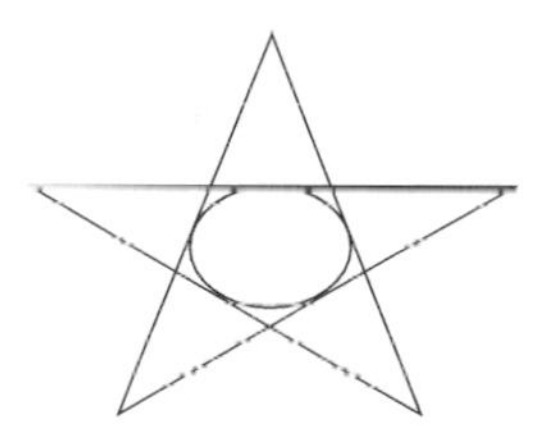

Abb. 9.7 Eine 5-periodische Bahn der dualen Billardkugelabbildung mit der Windungszahl 2

Entsprechend modifiziert gilt auch hier Satz 6.1 auf Seite 95 zusammen mit seinem Beweis. Es sei daran erinnert, dass n-periodische Billardbahnen kritische Punkte der Umfangslängenfunktion auf n-gonen sind, die der Billardkurve eingeschrieben sind. Beim dualen Billard ist die Situation folgendermaßen.

Lemma 9.1 *Periodische Bahnen der dualen Billardkugelabbildung entsprechen Polygonen mit extremalem Flächeninhalt, die dem dualen Billardtisch umschrieben sind.*

Beweis. Betrachten Sie Abb. 9.8 auf der nächsten Seite: Wird die Seite AB durch den Berührungspunkt nicht halbiert, so ändert eine infinitesimale Drehung des Geradenabschnitts in eine neue Lage $A'B'$ den Flächeninhalt auch in linearer Näherung (vgl. Abb. 9.5 auf Seite 139). □

Sicher ist Ihnen aufgefallen, dass die Rolle der Umfangslängenfunktion beim dualen Billard vom Flächeninhalt übernommen wird. Um diese Dualität zwischen

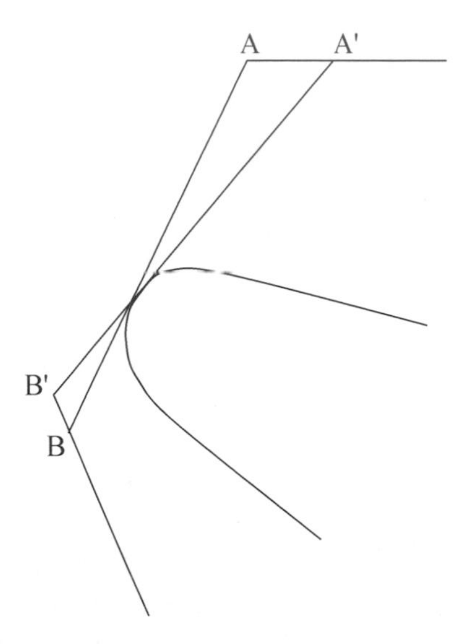

Abb. 9.8 Periodische Bahnen gehören zu Extrema des Flächeninhalts

Länge und Flächeninhalt zu erklären, betrachten wir beide Systeme noch einmal auf der Einheitssphäre. Eine n-periodische Billardbahn ist ein n-gon mit extremalem Umfang, das einer Billardkurve γ eingeschrieben ist. Das duale Polygon ist der dualen Kurve γ^* umschrieben und hat eine extremale Winkelsumme. Die Winkelsumme eines sphärischen n-gons hängt mit seinem Flächeninhalt zusammen (vgl. Exkurs 7.2 auf Seite 112), und das erklärt, weshalb das Flächenfunktional für die periodischen dualen Billardbahnen „verantwortlich" ist.

Nun wollen wir eine interessante Eigenschaft diskutieren, die man bei Computerexperimenten mit dualen Billards beobachtet. Wir wählen einen Anfangspunkt, der sehr weit vom dualen Billardtisch entfernt ist, und beobachten seine Bewegung unter Iterationen der dualen Billardkugelabbildung. Aus dieser Vogelperspektive erscheint eine duale Billardkurve γ nur als ein Punkt, und die Abbildung T ist die Reflexion in diesem Punkt. Die Entwicklung eines Punktes unter der zweiten Iteration T^2 erscheint als eine stetige Bewegung entlang einer bestimmten zentralsymmetrischen Kurve Γ, und diese Bewegung erfüllt das zweite Kepler'sche Gesetz: Der vom Ortsvektor eines Punktes überstrichene Flächeninhalt hängt linear von der Zeit ab (wobei eine Zeiteinheit eine Iteration der Abbildung T^2 ist). Abbildung 9.9 zeigt einige duale Billardkurven γ und die entsprechenden Bahnen „im Unendlichen" Γ. Die letzte Kurve Γ besteht aus zwei Parabeln, die sich in rechten Winkeln schneiden; sie gehört zu einem Halbkreis γ.

Diese Beobachtungen werden wir nur mit „physikalischer Strenge" erklären: Letzten Endes werden wir keinen exakten Satz formulieren, der die Bewegung im Unendlichen beschreibt (Tabachnikov [109] enthält eine etwas technische Formulierung). Nehmen wir an, dass $\gamma(t)$ eine parametrisierte konvexe glatte Kurve ist. Wir

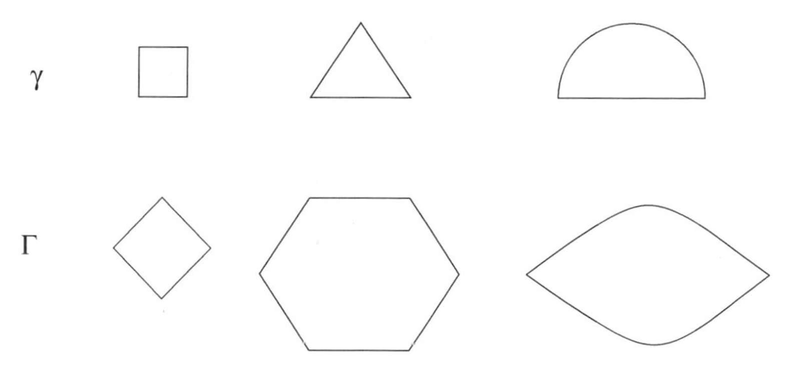

Abb. 9.9 Bahnen der dualen Billardkugelabbildung im Unendlichen

betrachten dann die Tangente an $\gamma(t)$. Es gibt eine weitere Tangente, die parallel zur Tangente an $\gamma(t)$ ist. Sei $v(t)$ der Vektor, der die Berührungspunkte dieser beiden Tangenten mit der Kurve untereinander verbindet (vgl. Abb. 9.10 und auch Abb. 6.1 auf Seite 94).

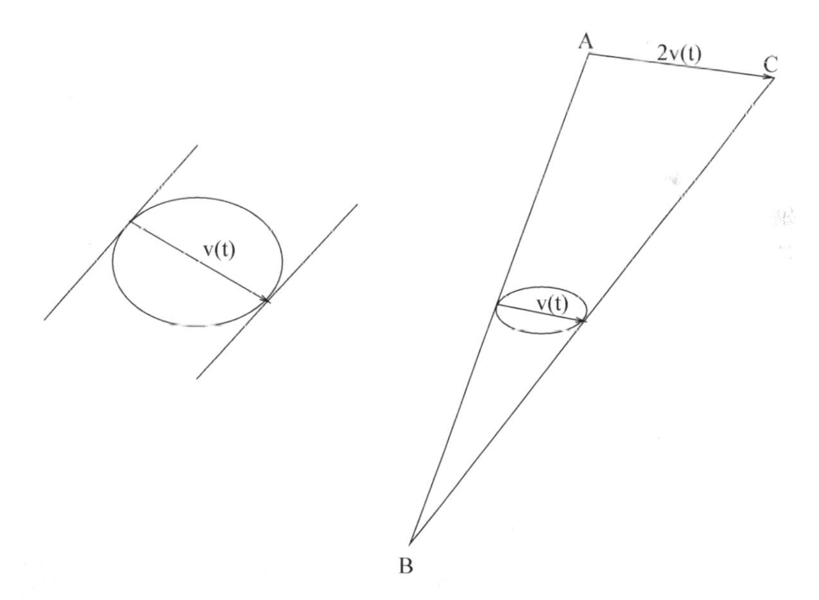

Abb. 9.10 Erklärung des Verhaltens im Unendlichen

Für Punkte, die weit vom dualen Billardtisch entfernt sind, ist der Winkel an der Ecke B aus Abb. 9.10 sehr klein, und die Tangentialrichtung an die Bahn im Unendlichen $\Gamma(t)$ ist parallel zum Vektor $v(t)$. Daher müssen wir die Differentialgleichung

$$\Gamma'(t) \sim v(t) \tag{9.2}$$

lösen. Das Symbol $\sim$ bedeutet, dass die beiden vektorwertigen Funktionen bis auf einen funktionalen Faktor gleich sind: $\Gamma'(t) = \varphi(t)v(t)$. Wenn eine Lösung existiert, so ist sie bis auf eine Homothetie eindeutig. Die Gleichung kann man tatsächlich explizit lösen.

Lemma 9.2 *Eine Lösung zur Differentialgleichung* (9.2) *ist durch die Formel*

$$\Gamma(t) = \frac{v'(t)}{v(t) \times v'(t)} \tag{9.3}$$

gegeben. Das Symbol $\times$ *steht für das Kreuzprodukt, also die Determinante zweier Vektoren.*

Beweis. Für eine durch (9.3) gegebene Kurve gilt:

$$\Gamma' = \frac{v''}{v \times v'} - \frac{v'(v \times v'')}{(v \times v')^2},$$

und deshalb ist

$$v \times \Gamma' = \frac{v \times v''}{v \times v'} - \frac{v \times v''}{v \times v'} = 0.$$

Das bedeutet, dass Γ' und v kolinear sind. □

Als Konsequenz ergibt sich das zweite Kepler'sche Gesetz.

Korollar 9.2 *Die Änderungsrate des vom Vektor* $\Gamma(t)$ *überstrichenen Sektorflächeninhalts ist konstant.*

Beweis. Die Geschwindigkeit der Bewegung entlang Γ ist $2v(t)$, und die Änderungsrate des Sektorflächeninhalts ist $v(t) \times \Gamma(t)$, was wegen (9.3) gleich 1 ist. □

Natürlich spielt der Wert der Konstante keine Rolle, denn alles ist nur bis auf eine gewisse Skalierung definiert.

Übung 9.5 Sei γ eine zentralsymmetrische Kurve. Beweisen Sie, dass die Korrespondenz $\gamma \mapsto \Gamma$ eine Dualität ist: Nach zweimaliger Anwendung ergibt sich die ursprüngliche Kurve γ.

Somit ist die vereinfachte Bewegung „im Unendlichen“ integrabel: Jeder Punkt bleibt auf einer homothetischen Kopie der Kurve Γ. Das reale Bild ist viel komplizierter; dennoch stimmt es, dass die duale Billardkugelabbildung T weit vom dualen Billardtisch entfernt eine kleine Störung einer integrablen Abbildung ist. Wenn wir annehmen, dass γ hinreichend glatt ist (C^5 reicht aus) und überall eine positive Krümmung hat, dann gilt eine Art KAM-Satz, der besagt, dass die duale

Billardkugelabbildung, hinreichend weit von γ entfernt, invariante Kurven hat (vgl. [70, 71]). Eine T-invariante Kurve dient als Wand, die keine Bahn der dualen Billardkugelabbildung durchdringen kann, und folglich bleiben alle ihre Bahnen beschränkt. Keiner weiß, ob das auch noch gilt, wenn die dualen Billardkurven weniger glatt sind oder eine von null verschiedene Krümmung haben. Computerexperimente belegen, dass manche Bahnen für das duale Billard um einen Halbkreis ins Unendliche laufen.

Nun wollen wir polygonale duale Billards diskutieren. Abbildung 9.11 veranschaulicht das duale Billard um ein Quadrat. Die duale Billardkugelabbildung ist periodisch: Jeder Punkt einer mit n gekennzeichneten Kachel besucht alle anderen Kacheln mit derselben Markierung einmal (es gibt jeweils $4n$ mit derselben Markierung), bevor er zum Ausgangsort zurückkehrt. Ähnlich kann man die Dynamik des dualen Billards um ein Dreieck oder ein affin-gleichmäßiges Sechseck beschreiben.

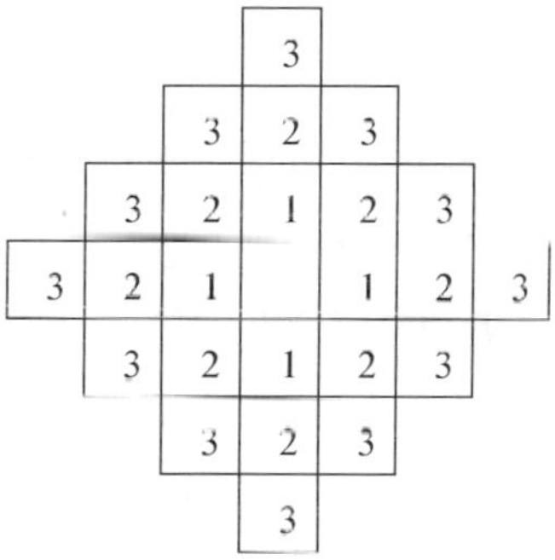

Abb. 9.11 Das duale Billard um ein Quadrat

Ein anderes interessantes Beispiel ist ein gleichmäßiges Fünfeck. Dieses Beispiel wurde in den Arbeiten [104, 108] untersucht (vgl. auch Tabachnikov [106]). Die Menge mit vollem Maß, die sich für regelmäßige Fünfecke und Zehnecke ergibt, besteht aus periodischen Bahnen. Eine solche Bahn, oder vielmehr ihr Abschluss, ist in Abb. 9.12 auf der nächsten Seite dargestellt. Zwangsläufig fällt einem die Selbstähnlichkeit dieser Menge ins Auge, deren Hausdorff-Dimension berechnet werden kann: Sie ist gleich

$$\frac{\ln 6}{\ln(\sqrt{5}+2)} = 1.24\dots.$$

In Computerexperimenten beobachtet man ein ähnliches Verhalten für andere regelmäßige n-gone (außer $n = 3, 4, 6$), aber eine strenge Analyse ist bisher nicht gelungen (vgl. Abb. 9.12).

Ein polygonales duales Billard ist ein Spezialfall einer stückweisen Isometrie. Kürzlich kam großes Interesse an der Untersuchung stückweiser Isometrien,

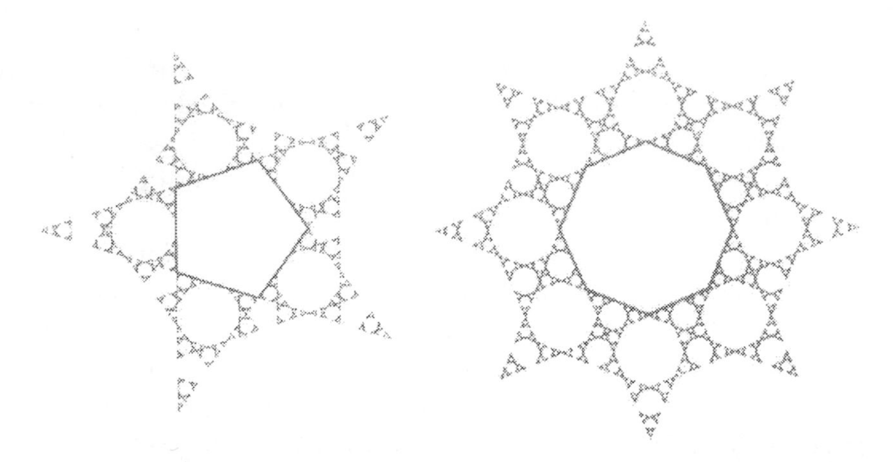

Abb. 9.12 Duale Billards um ein gleichmäßiges Fünfeck und ein gleichmäßiges Achteck

stückweiser affiner Abbildungen usw. auf; zum Teil war dies durch Anwendungen stimuliert, beispielsweise aus der Elektrotechnik.

Um das Wissen über polygonale duales Billards wiedergeben zu können, wollen wir zwischen zwei Klassen von Polygonen unterscheiden. Ein *rationales Polygon*[2] ist ein affines Bild eines Polygons, dessen Ecken ganzzahlige Koordinaten haben. Beispiele sind ein Quadrat, ein Dreieck oder ein regelmäßiges Sechseck.

Eine andere Klasse von Polygonen bilden die quasirationalen Polygone. Rufen Sie sich die Beschreibung der dualen Billarddynamik im Unendlichen ins Gedächtnis. Ist die duale Billardkurve γ ein Polygon, so ist die Bahn im Unendlichen Γ ein zentralsymmetrisches $2k$-gon, und die Vektoren v sind einige der Diagonalen der dualen Billardkurve γ. Jeder Seite von Γ entspricht eine „Zeit“, nämlich das Verhältnis aus Seitenlänge und Betrag des zugehörigen Vektors v. Daraus ergibt sich eine Menge von „Zeiten“ $(t_1,\ldots,t_k)$, die bis auf einen gemeinsamen Faktor wohldefiniert ist. Das Polygon heißt *quasirational*, wenn alle diese Zahlen rationale Vielfache voneinander sind. Zum Beispiel ist jedes regelmäßige Polygon quasirational: die entsprechenden Zeiten t_i sind alle gleich.

Übung 9.6 Beweisen Sie, dass ein rationales Polygon quasirational ist.

Die Bedeutung der quasirationalen Polygone hängt mit dem folgenden Resultat zusammen (vgl. [48, 61, 94]).

Satz 9.2 *Alle Bahnen der dualen Billardkugelabbildung um ein quasirationales Polygon sind beschränkt.*

---

[2] Leider unterscheidet sich hier die Terminologie gegenüber der aus Kapitel 7, wo der Begriff *rationales Polygon* etwas anderes bedeutet.

Der Beweis ist ziemlich kompliziert, und wir werden uns nicht damit befassen: Es gibt ein Gegenstück der invarianten Kurven, nämlich T-invariante Ketten von Polygonen um den dualen Billardtisch, die untereinander durch ihre gemeinsamen Ecken verbunden sind.

Aus Satz 9.2 ergibt sich das nachfolgende Korollar.

Korollar 9.3 *Jede Bahn der dualen Billardkugelabbildung um ein rationales Polygon ist endlich.*

Beweis. Nach Übung 9.6 und Satz 9.2 sind die Bahnen beschränkt. Für ein rationales Polygon ist die durch die Reflexion an den Ecken erzeugte Gruppe diskret. Folglich ist die Bahn jedes Punktes diskret. Eine diskrete und beschränkte Menge ist endlich. □

Es sei erwähnt, dass wie bei dem Innenbillard lange unbekannt war, ob das duale Billard um ein Polygon immer eine periodische Bahn hat. Für duale Billards ist dieses Problem viel zugänglicher: Im Sommer 2004 bewies C. Culter, ein Teilnehmer des REU-Programms an der Pennsylvania State University, dass für jedes polygonale Billard periodische Bahnen existieren und darüber hinaus, dass periodische Punkte im Sinne des Maßes einen positiven Teil der Ebene bilden.

Ein paar Worte wollen wir nun über duale Billards in der hyperbolischen Ebene sagen. Die Definition der Abbildung ist ganz genauso wie im euklidischen (oder sphärischen) Fall: Alle Begriffe, wie Abstand oder Flächeninhalt, müssen natürlich auf die hyperbolische Geometrie bezogen werden. Wie im ebenen oder sphärischen Fall ist die duale Billardkugelabbildung flächentreu.

Es ist angebracht, das Klein-Beltrami-Modell der hyperbolischen Geometrie aus Kapitel 3 zu verwenden. Ein neues Merkmal des dualen Billardsystems ist, dass es eine echte Abbildung im Unendlichen hat $t : S^1 \to S^1$; diese Kreisabbildung t ist selbst dann stetig, wenn es die duale Billardkugelabbildung nicht ist (und zwar, wenn die duale Billardkurve Geradenabschnitte enthält). Die Kreisabbildung t enthält alle Informationen über das duale Billardsystem, weil sich der duale Billardtisch als die Einhüllende der Geraden $(x\, t(x))$, $x \in S^1$ rekonstruieren lässt. In [33, 110] finden Sie mehr Resultate über duale Billards in der hyperbolischen Ebene.

▶ **Beispiel 9.1** Das folgende Beispiel ist eine Verallgemeinerung des dualen Billards in einem Quadrat in der euklidischen Ebene. Der duale Billardtisch P sei ein gleichmäßiges n-gon mit rechten Winkeln ($n \geq 5$); dass solche Polygone existieren, ist eine besondere Eigenschaft der hyperbolischen Ebene. Diese Polygone parkettieren die hyperbolische Ebene (vgl. Abb. 9.13 auf der nächsten Seite). In der Abbildung wird ein anderes Modell, nämlich das Poincaré'sche Modell der hyperbolischen Ebene verwendet (Geraden werden durch Kreise dargestellt, die senkrecht auf dem Kreis im Unendlichen stehen, und die euklidischen Winkel geben die hyperbolischen getreu wieder). Ähnlich wie im Fall eines Quadrats sind alle Bahnen der dualen Billardkugelabbildung T periodisch: T vertauscht zyklisch die Kacheln, die konzentrische „Ketten" um das Polygon P bilden.

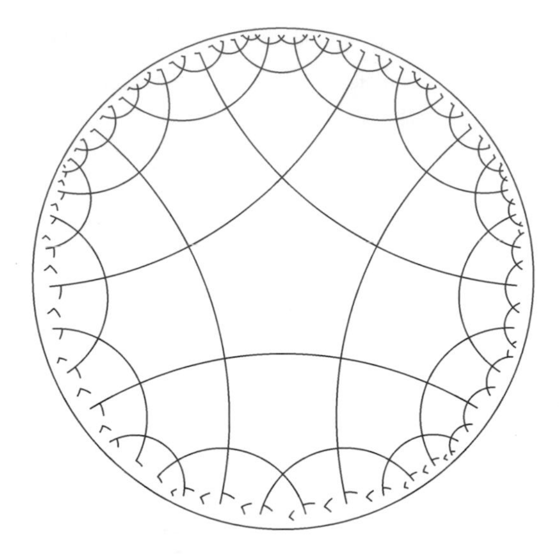

Abb. 9.13 Parkettierung der hyperbolischen Ebene durch gleichmäßige rechtwinklige Fünfecke

Die duale Billardkurve γ sei eine Ellipse im Innern des Einheitskreises. Es stellt sich heraus, dass die zugehörige Billardkugelabbildung T integrabel ist, und diese Tatsache liefert einen weiteren Beweis des Schließungssatzes von Poncelet (dieser Beweis wurde in Tabachnikov [105] veröffentlicht).

Seien γ und Γ zwei Kegelschnitte in der Ebene. Diese Kegelschnitte bestimmen eine 1-parametrige Kegelschnittschar, die man *Büschel* nennt. Dieses Büschel besteht aus den Kegelschnitten, die durch die vier Schnittpunkte von γ und Γ verlaufen. Algebraisch betrachtet: Sind $\phi(x,y)=0$ und $\Phi(x,y)=0$ die Gleichungen von γ und Γ, so haben die Kegelschnitte im Büschel die Gleichungen $\phi+t\Phi=0,\ t\in\mathbf{R}$. Diese Gleichung macht selbst dann Sinn und definiert das Büschel, wenn sich die Kegelschnitte γ und Γ nicht schneiden (oder genauer, sich in vier komplexen Punkten schneiden).

Kommen wir auf duale Billards zurück. Sei die duale Billardkurve γ eine Ellipse, und sei Γ der Einheitskreis, und zwar der Kreis im Unendlichen der hyperbolischen Ebene. Nun betrachten wir das von γ und Γ erzeugte Kegelschnittbüschel. Sei T die duale Billardkugelabbildung der hyperbolischen Ebene um γ.

Satz 9.3 *Die Kegelschnitte des Büschels, die außerhalb von γ und im Innern von Γ liegen, sind unter der Abbildung T-invariant.*

Beweis. Sei ℓ eine Gerade in der hyperbolischen Ebene, die tangential an γ ist; ihre Schnittpunkte mit den Kegelschnitten aus einem Büschel definieren eine Involution τ auf ℓ. Wir behaupten, dass diese Involution eine projektive Transformation der Gerade ist (das ist der Satz von Desargues, vgl. Berger [12]).

Tatsächlich wirkt die Gruppe der Isometrien der hyperbolischen Ebene transitiv. Unter Verwendung einer solchen Isometrie können wir annehmen, dass die Ellipse γ

um den Ursprung zentriert ist. Dann ist Γ durch die Gleichung $x \cdot x = 1$ und γ durch die Gleichung $Ax \cdot x = 1$ gegeben. Darin ist A eine selbstadjungierte Matrix. Das Büschel besteht aus den Kurven γ_t, die durch die Gleichung

$$(A + tE)x \cdot x = 1$$

gegeben sind. E ist die Einheitsmatrix.

Sei ℓ tangential an γ im Punkt x, und sei u ein Tangentialvektor an γ in x. Dann gilt $Ax \cdot u = 0$. Wir parametrisieren l durch einen Parameter s, sodass die Punkte von l gleich $x + su$ sind. Die Schnittmenge $l \cap \gamma_t$ ist gegeben durch:

$$(A + tE)(x + su) \cdot (x + su) = 1\,.$$

Wegen $Ax \cdot x = 1$ und $Ax \cdot u = 0$ lässt sich die letzte Gleichung umschreiben:

$$s^2(A + tE)u \cdot u + 2stEx \cdot u + tx \cdot x = 0\,.$$

Daraus folgt, dass unabhängig von t

$$\frac{1}{s_1} + \frac{1}{s_2} = 2\frac{x \cdot u}{x \cdot x}$$

gilt. Dabei sind s_1 und s_2 zwei Nullstellen der quadratischen Gleichung. Wir stellen fest, dass die Korrespondenz $\tau : s_1 \mapsto s_2$ gebrochen linear ist, d. h. projektiv.

Zum Abschluss des Beweises verwenden wir Übung 3.9 b) auf Seite 41. Daraus folgt, dass die Abbildung τ eine hyperbolische Isometrie ist, also die duale Billardkugelabbildung T um γ. Folglich sind die Ellipsen des Büschels T-invariant. □

Aus Satz 9.3 folgt der Schließungssatz von Poncelet. Wie wir in Kapitel 4 erläutert haben, tragen die geschlossenen, invarianten Kurven einer integrablen, flächentreuen Transformation eine affine Struktur, in der die Transformation eine Verschiebung $x \mapsto x + c$ mit von der Kurve abhängigem c ist. Insbesondere ist die Abbildung genau dann periodisch auf einer Kurve, wenn $c \in \mathbf{Q}$ ist (und zwar unabhängig vom Punkt x).

Wir beenden dieses Kapitel mit einer Diskussion des mehrdimensionalen dualen Billards (vgl. [104, 106, 108, 112]). Die duale Billardkurve wollen wir dort durch eine glatte streng konvexe Hyperfläche M in einem Vektorraum ersetzen und Tangenten an M verwenden, um eine duale Billardkugelabbildung zu definieren. Dabei stoßen wir auf eine unmittelbare Schwierigkeit: Es gibt zu viele Tangenten in einem Punkt $m \in M$.

Diese Schwierigkeit lösen wir folgendermaßen auf. Die Dimension des umgebenden Raums sei gerade (die Dimension der Ebene ist gerade!), und wir nehmen zudem an, dass es in diesem Raum eine lineare, symplektische Struktur ω gibt. Wir können $\mathbf{R}^{2n}$ mit $\mathbf{C}^n$ identifizieren; sei J der Operator der Multiplikation mit $\sqrt{-1}$. Die Relation zwischen den euklidischen und der symplektischen Struktur ist durch die Gleichung

$$\omega(u,v) = Ju \cdot v$$

für alle Vektoren u und v gegeben.

Sei $M \subset \mathbf{C}^n$ eine glatte Hyperfläche. Dann haben wir in jedem Punkt $m \in M$ die charakteristische Tangentenrichtung an M, den Kern der Einschränkung von ω auf den Tangentialraum T_mM (vgl. Exkurs 3.2 auf Seite 45). Sei $N(m)$ der Einheitsnormalenvektor an M im Punkt m; dann ist die charakteristische Richtung durch den Vektor $JN(m)$ gegeben.

Übung 9.7 Beweisen Sie die letzte Behauptung.

Mit dieser Definition der Tangente an eine glatte Hyperfläche erhalten wir eine (möglicherweise teilweise definierte und mehrwertige) duale Billardkugelabbildung. Sei x ein Punkt außerhalb von M, und nehmen wir an, dass er auf einer charakteristischen Tangente liegt, die von x nach m orientiert ist. Wie in der Ebene reflektiert dann die duale Billardkugelabbildung T den Punkt x in m. Tatsächlich erhalten wir eine wohldefinierte Abbildung, wie der nächste Satz besagt.

Satz 9.4 *Zu jedem Punkt außerhalb von M gibt es genau zwei charakteristische Tangenten an M durch x, die eine ist zu M hin und die andere von M weg orientiert.*

Beweis. (Skizze) Das Äußere von M wollen wir mit X bezeichnen. Jeder Punkt von X liegt auf einer eindeutigen Normalen an M; folglich gilt $X = M \times [0,\infty)$. Sei $m \in M$, und sei N ein nach außen gerichteter Normalenvektor an M im Punkt m. Wir wenden den linearen Operator J auf den Vektor N an und drehen ihn um $\pi/2$; das definiert eine Abbildung $f : m+N \mapsto m+JN$ von x auf sich selbst. Die Behauptung ist, dass f eineindeutig und surjektiv ist.

Um zu beweisen, dass f injektiv ist, nehmen wir an, dass für zwei disjunkte Punkte $m_1, m_2 \in M$ und die Normalenvektoren N_1, N_2 die Gleichung $m_1 + JN_1 = m_2 + JN_2$ gilt. Dann ist

$$m_2 - m_1 = JN_1 - JN_2 \,. \tag{9.4}$$

Die Hyperfläche M ist konvex. Daher ist der Abschnitt m_1m_2 im Punkt m_2 nach außen und im Punkt m_1 nach innen gerichtet; es gilt also $(m_2 - m_1) \cdot N_2 > 0$ und $(m_1 - m_2) \cdot N_1 > 0$. Verwenden wir (9.4) und die Tatsache, dass $Ju \cdot u = 0$ für jeden Vektor u gilt, so folgt $JN_1 \cdot N_2 > 0$ und $JN_2 \cdot N_1 > 0$ oder $\omega(N_1,N_2) > 0$ und $\omega(N_2,N_1) > 0$. Dies widerspricht der Schiefsymmetrie der symplektischen Struktur.

Einen Beweis, dass f surjektiv ist, skizzieren wir nur. Das Argument ist topologisch. Dazu betrachten wir eine Einpunktkompaktifizierung des $\mathbf{R}^{2n}$ und setzen f zu einer stetigen Selbstabbildung $\bar{f}$ dieser $2n$-dimensionalen Sphäre fort: Im Innern von M ist die Abbildung die Identität und $\bar{f}$ erhält den unendlich fernen Punkt. Wir behaupten, dass $\bar{f}$ den Grad 1 hat; daraus ergibt sich die Surjektivität. Um den Grad von $\bar{f}$ zu bestimmen, betrachten wir diese Abbildung in einer Umgebung des unendlich fernen Punktes, wo sie durch eine lineare Abbildung genähert wird, nämlich die Drehung J. Daraus ergibt sich $\bar{f} = 1$, und wir sind fertig. □

Folglich ist das Äußere einer glatten, streng konvexen, geschlossenen Hyperfläche im linearen symplektischen Raum durch positive charakteristische Halbtangenten geblättert, wie im ebenen Fall. Auch zur Eigenschaft der Flächentreue der dualen Billardkugelabbildung gibt es ein mehrdimensionales Gegenstück.

Satz 9.5 *Die duale Billardkugelabbildung erhält die symplektische Struktur* ω.

Beweis. Nach Satz 9.4 kann jeder Punkt x außerhalb von M als $m - JN$ geschrieben werden. Dabei ist $m \in M$, und N ist ein äußerer Normalenvektor an M in m. Dann gilt $y := T(x) = m + JN$.

Wir betrachten die 1-Differentialform $Ndm = \sum N_i dm_i$ mit den Komponenten N_i und m_i der Vektoren N und m; das ist eine 1-Form auf $M \times [0, \infty)$. Da N orthogonal zu M ist, verschwindet die Form auf den Tangentialvektoren an M. Daraus ergibt sich

$$dN \wedge dm = 0 \tag{9.5}$$

auf $M \times [0, \infty)$.

Für einen Vektor $u \in \mathbf{C}^n$ schreiben wir $u = (u_1, u_2)$ mit dem Realteil $u_1 \in \mathbf{R}^n$ und dem Imaginärteil $u_2 \in \mathbf{R}^n$. Dann ist $Ju = (-u_2, u_1)$ und

$$\omega = du_1 \wedge du_2 = \sum du_{1i} \wedge du_{2i}, \quad i = 1, \ldots, n.$$

Es gilt:

$$x = (x_1, x_2) = (m_1 + N_2, m_2 - N_1), \; y = (y_1, y_2) = (m_1 - N_2, m_2 + N_1).$$

Eine direkte Berechnung mithilfe von (9.5) überlassen wir Ihnen, das Ergebnis ist $dx_1 \wedge dx_2 = dy_1 \wedge dy_2$; also $T^*(\omega) = \omega$. Folglich ist die duale Billardkugelabbildung eine symplektische Abbildung. □

Es ist naheliegend, nach der Existenz und gegebenenfalls einer unteren Schranke für die Anzahl periodischer Bahnen der dualen Billardkugelabbildung zu fragen. Über dieses Problem ist noch nicht viel bekannt: Zeigen kann man, dass für jede streng konvexe glatte duale Billardhyperfläche im $\mathbf{R}^{2n}$ und jede ungerade Primzahl k eine k-periodische Billardbahn der dualen Billardkugelabbildung existiert (vgl. [104, 106, 108]). Für $k = 3$, die kleinstmögliche Periode der dualen Billardkugelabbildung, sind aus Tabachnikov [112] bessere Schätzungen bekannt: Es gibt mindestens $2n$ solcher

Bahnen. Das sind umschriebene Dreiecke, deren Seiten durch die Berührungspunkte halbiert werden und darin charakteristische Richtungen haben. Diese Schätzung ist scharf. Ähnlich wie im Fall des in Kapitel 6 diskutierten Innenbillards kommen die Resultate aus der Morsetheorie. Die relevante Funktion ist (für ungerade k) in Abhängigkeit von den Berührungspunkten m_i definiert:

$$F(m_1,\ldots,m_k) = \sum_{1\leq i<j\leq k} (-1)^{i+j}\omega(m_i,m_j).$$

Für $k = 3$ ist das der symplektische Flächeninhalt des Dreiecks.

Abschließend sei noch erwähnt, dass ein dualer Billardtisch auch ein konvexes Polyeder sein könnte. Dieses mehrdimensionale Gegenstück des polygonalen dualen Billards ist bisher noch nicht untersucht worden. Es ist zum Beispiel sehr faszinierend, regelmäßige Polyeder im vierdimensionalen Raum zu betrachten.

Literaturverzeichnis

[1] Alvarez, J.-C.: Hilbert's fourth problem in two dimensions. In: MASS Selecta, 165–184. Amer. Math. Soc., Providence, RI (2003)

[2] Alvarez, J.-C., Durán, C.: An introduction to Finsler geometry. Publ. Escuela Venezolana de Mat., Caracas, Venezuela (1998)

[3] Arnold, V.: Mathematical methods of classical mechanics. Springer-Verlag (1989)

[4] Arnold, V.: Ordinary differential equations. Springer-Verlag (1992)

[5] Arnold, V.: Topological invariants of plane curves and caustics. No. 5 In University Lect. Ser. Amer. Math. Soc., Providence, RI (1994)

[6] Arnold, V.: Topological problems of the theory of wave propagation. Russ. Math. Surv. **51**(1), 1–47 (1996)

[7] Arnold, V., Givental, A.: Symplectic geometry. In: Dynamical Systems, *Encycl. of Math. Sci.*, Vol. 4, 1–136. Springer-Verlag (1990)

[8] Bao, D., Chern, S.-S., Shen, Z.: An introduction to Riemann-Finsler geometry. Springer-Verlag (2000)

[9] Baryshnikov, Y.: Complexity of trajectories in rectangular billiards. Comm. Math. Phys **174**, 43–56 (1995)

[10] Benci, V., Giannoni, F.: Periodic bounce trajectories with a low number of bounce points. Ann. Inst. Poincaré, Anal. Non Linéaire **6**, 73–93 (1989)

[11] Benford, F.: The law of anomalous numbers. Proc. Amer. Philos. Soc. **78**, 551–572 (1938)

[12] Berger, M.: Geometry. Springer-Verlag (1987)

[13] Berger, M.: Seules les quadriques admettent des caustiques. Bull. Soc. Math. France **123**, 107–116 (1995)

[14] Berlekamp, E., Conway, J., Guy, R.: Winning ways for your mathematical plays, *Games in particular*, Vol. 2. Academic Press (1982)

[15] Berndt, R.: An introduction to symplectic geometry. Amer. Math. Soc., Providence, RI (2001)

[16] Berry, M., Robnik, M.: Classical billiards in magnetic fields. J. Phys. A **18**, 1361–1378 (1985)

[17] Bialy, M.: Convex billiards and a theorem by E. Hopf. Math. Zeit. **214**, 147–154 (1993)

[18] Bos, H., Kers, C., Oort, F., Raven, D.: Poncelet's closure theorem. Expos. Math. **5**, 289–364 (1987)

[19] Bott, R.: Lectures on Morse theory, old and new. Bull. Amer. Math. Soc. **7**, 331–358 (1982)

[20] Boyland, P.: Dual billiards, twist maps and impact oscillators. Nonlinearity **9**, 1411–1438 (1996)

[21] Bunimovich, L.: Systems of hyperbolic type with singularities. Dynamical Systems, no. 2. In: Encycl. of Math. Sci., 173–203. Springer-Verlag (1989)

[22] Bunimovich, L.: Mushrooms and other billiards with divided phase space. Chaos 802–808 (2001)

[23] Bunimovich, L., Rehacek, J.: Nowhere dispersing 3D billiards with non-vanishing Lyapunov exponents. Comm. Math. Phys. **189**, 729–757 (1997)

[24] Bunimovich, L., Rehacek, J.: How high-dimensional stadia look like. Comm. Math. Phys. **197**, 277–301 (1998)

[25] Burago, D., Ferleger, S., Kononenko, A.: A geometric approach to semi-dispersing billiards. In: Hard ball systems and the Lorentz gas, 9–27. Springer-Verlag (2000)

[26] Burago, Y., Zalgaller, V.: Geometric inequalities. Springer-Verlag (1988)

[27] Busemann, H.: Problem IV: Desarguesian spaces. In: Proc. Symp. Pure Math., Vol. 28, 131–141. Amer. Math. Soc., Providence, RI (1976)

[28] Cannon, J., Floyd, W., Kenyon, R., Parry, W.: Hyperbolic geometry. In: Flavors of geometry, 59–115. Cambridge Univ. Press (1997)

[29] Casati, G., Prosen, T.: Mixing property of triangular billiards. Phys. Rev. Lett. **83**, 4729–4732 (1999)

[30] Chernov, N., Markarian, R.: Theory of chaotic billiards. Amer. Math. Soc., Providence, RI (2006)

[31] Cipra, B., Hanson, R., Kolan, A.: Periodic trajectories in right triangle billiards. Phys. Rev. E **52**, 2066–2071 (1995)

[32] Coxeter, H.-S.-M.: The golden section, phyllotaxis, and wythoff's game. Scripta Math. **19**, 135–143 (1953)

[33] Dogru, F., Tabachnikov, S.: On polygonal dual billiard in the hyperbolic plane. Reg. Chaotic Dynamics **8**, 67–82 (2003)

[34] Dogru, F., Tabachnikov, S.: Dual billiards. Math. Intell. **27**(4), 18–25 (2005)

[35] Fabricius-Bjerre, F.: On the double tangents of plane curves. Math. Scand. **11**, 113–116 (1962)

[36] Farber, M., Tabachnikov, S.: Periodic trajectories in 3-dimensional convex billiards. Manuscripta Mat. **108**, 431–437 (2002)

[37] Farber, M., Tabachnikov, S.: Topology of cyclic configuration spaces and periodic orbits of multi-dimensional billiards. Topology **41**, 553–589 (2002)
[38] Fox, R., Kershner, R.: Geodesics on a rational polyhedron. Duke Math. J. **2**, 147–150 (1936)
[39] Galperin, G.: Billiard balls count π. In: MASS Selecta, 197–204. Amer. Math. Soc., Providence, RI (2003)
[40] Galperin, G.: Convex polyhedra without simple closed geodesics. Reg. Chaotic Dynamics **8**, 45–58 (2003)
[41] Galperin, G., Chernov, N.: Billiards and chaos. Math. and Cybernetics **5** (1991). Auf Russisch
[42] Galperin, G., Stepin, A., Vorobets, Y.: Periodic billiard trajectories in polygons: generating mechanisms. Russ. Math. Surv. **47**(3), 5–80 (1992)
[43] Galperin, G., Zemlyakov, A.: Mathematical billiards. Nauka, Moscow (1990). Auf Russisch
[44] Geiges, H.: Christiaan Huygens and contact geometry. Nieuw Arch. Wiskd. **6**(5), 117–123 (2005)
[45] Glashow, S., Mittag, L.: Three rods on a ring and the triangular billiard. J. Stat. Phys. **87**, 937–941 (1997)
[46] Gutkin, E.: Billiard dynamics: a survey with the emphasis on open problems. Reg. Chaotic Dynamics **8**, 1–13 (2003)
[47] Gutkin, E.: Blocking of billiard orbits and security for polygons and flat surfaces. GAFA **15**, 83–105 (2005)
[48] Gutkin, E., Simanyi, N.: Dual polygonal billiards and necklace dynamics. Comm. Math. Phys. **143**, 431–450 (1991)
[49] Gutkin, E., Tabachnikov, S.: Billiards in Finsler and Minkowski geometries. J. Geom. and Phys. **40**, 277–301 (2002)
[50] Gutkin, E., Tabachnikov, S.: Complexity of piecewise convex transformations in two dimensions, with applications to polygonal billiards. Moscow Math. J. **6**, 673–701 (2006)
[51] Halbeisen, L., Hungerbuhler, N.: On periodic billiard trajectories in obtuse triangles. SIAM Rev. **42**, 657–670 (2000)
[52] Hill, T.: The significant-digit phenomenon. Amer. Math. Monthly **102**, 322–327 (1995)
[53] Holt, F.: Periodic reflecting paths in right triangles. Geom. Dedicata **46**, 73–90 (1993)
[54] Hubert, P.: Complexité de suites définies par des billards rationnels. Bull. Soc. Math. France **123**, 257–270 (1995)
[55] Innami, N.: Convex curves whose points are vertices of billiard triangles. Kodai Math. J. **11**, 17–24 (1988)
[56] Kapovich, M., Millson, J.: Universality theorems for configuration spaces of planar linkages. Topology **41**, 1051–1107 (2002)

[57] Katok, A.: Billiard table as a mathematician's playground. Student colloquium lecture series **2**, 8–36 (2001). Auf Russisch

[58] Katok, A., Hasselblatt, B.: Introduction to the modern theory of dynamical systems. Camb. Univ. Press (1995)

[59] Katok, A., Zemlyakov, A.: Topological transitivity of billiards in polygons. Math. Notes **18**, 760–764 (1975)

[60] Kerckhoff, S., Masur, H., Smillie, J.: Ergodicity of billiard flows and quadratic differentials. Ann. of Math. **124**, 293–311 (1986)

[61] Kolodziej, R.: The antibilliard outside a polygon. Bull. Pol. Acad. Sci. **37**, 163–168 (1989)

[62] Kozlov, V., Treshchev, D.: Billiards. A genetic introduction to the dynamics of systems with impacts, *Translations of Math. Monographs*, Vol. 98. Amer. Math. Soc., Providence, RI (1991)

[63] Lagarias, J., Richardson, T.: Convexity and the average curvature of plane curves. Geom. Dedicata **67**, 1–30 (1997)

[64] Lazutkin, V.: The existence of caustics for a billiard problem in a convex domain. Math. USSR, Izvestija **7**, 185–214 (1973)

[65] Masur, H., Tabachnikov, S.: Rational billiards and flat structures. In: Handbook of Dynamical Systems, Vol. 1A, 1015–1089. North-Holland (2002)

[66] Mather, J.: Non-existence of invariant circles. Ergod. Th. Dyn. Syst. **4**, 301–309 (1984)

[67] McDuff, D., Salamon, D.: Introduction to symplectic topology. Claredon Press, Oxford (1995)

[68] Milnor, J.: Morse theory. Princeton U. Press, Princeton (1963)

[69] Monteil, T.: On the finite blocking property. Ann. Inst. Fourier **55**(4), 1195–1217 (2005)

[70] Moser, J.: Stable and random motions in dynamical systems, *Ann. of Math. Stud.*, Vol. 77. Princeton U. Press (1973)

[71] Moser, J.: Is the solar system stable? Math. Intell. **1**, 65–71 (1978)

[72] Moser, J.: Geometry of quadrics and spectral theory. In: Chern Symp., 147–188. Springer-Verlag (1980)

[73] Moser, J.: Various aspects of integrable Hamiltonian systems. In: Dynamical Systems, *Progr. in Math.*, Vol. 8, 233–289. Birkhäuser (1980)

[74] Moser, J., Veselov, A.: Discrete versions of some classical integrable systems and factorization of matrix polynomials. Comm. Math. Phys. **139**, 217–243 (1991)

[75] Mukhopadhyaya, S.: New methods in the geometry of a plane arc. Bull. Calcutta Math. Soc. 32–47 (1909)

[76] Murphy, T., Cohen, E.: On the sequences of collisions among hard spheres in infinite space. In: Hard ball systems and the Lorentz gas, 29–49. Springer-Verlag (2000)

[77] Nazarov, A., Petrov, F.: On S. L. Tabachnikov's conjecture. St. Petersburg Math. J. **19**, 125–135 (2008)
[78] Newcomb, S.: Note on the frequency of use of the different digits in natural numbers. Amer. J. Math. **4**, 39–40 (1881)
[79] Newton, I.: Opticks: Or a Treatise of the Reflections, Refractions, Inflections & Colours of Light – Based on the 4th Edition London, 1730. Dover (1952)
[80] Ovsienko, V., Tabachnikov, S.: Projective differential geometry, old and new: from Schwarzian derivative to cohomology of diffeomorphism groups. Cambridge Univ. Press (2005)
[81] Peirone, R.: Reflections can be trapped. Amer. Math. Monthly **101**, 259–260 (1994)
[82] Pogorelov, A.: Hilbert's fourth problem. J. Wiley & Sons (1979)
[83] Pushkar, P.: Diameters of immersed manifolds and wave fronts. C. R. Acad. Sci. **326**, 201–205 (1998)
[84] Radin, C.: Miles of tiles. Amer. Math. Soc., Providence, RI (1999)
[85] Raimi, R.: The first digit problem. Amer. Math. Monthly **83**, 521–538 (1976)
[86] Richens, R., Berry, M.: Pseudointegrable systems in classical and quantum mechanics. Physica D **2**, 495–512 (1981)
[87] Ruijgrok, T.: Periodic orbits in triangular billiards. Acta Phys. Polon **22**, 955–981 (1991)
[88] Rychlik, M.: Periodic points of the billiard ball map in a convex domain. J. Diff. Geom. **30**, 191–205 (1989)
[89] Santalo, L.: Integral geometry and geometric probability. Addison-Wesley (1976)
[90] Schoenberg, I.: Mathematical time exposures. MAA, Washington (1982)
[91] Schwartz, R.: `http://www.math.brown.edu/~res/Billiards`
[92] Schwartz, R.: The Poncelet grid. Adv. in Geom. 157–175 (2007)
[93] Senechal, M.: Quasicrystals and geometry. Cambridge Univ. Press (1995)
[94] Shaidenko, A., Vivaldi, F.: Global stability of a class of discontinuous dual billiards. Comm. Math. Phys. **110**, 625–640 (1987)
[95] Simanyi, N.: Ergodicity of hard spheres in a box. Ergod. Th. Dyn. Syst. **19**, 741–766 (1999)
[96] Simanyi, N.: Hard ball systems and semi-dispersive billiards: hyperbolicity and ergodicity. In: Hard ball systems and the Lorentz gas, 51–88. Springer-Verlag (2000)
[97] Simanyi, N.: The complete hyperbolicity of cylindric billiards. Ergod. Th. Dyn. Syst. 281–302 (2002)
[98] Simanyi, N.: Proof of the Boltzmann-Sinai ergodic hypothesis for typical hard disk systems. Invent. Math. **154**, 123–178 (2003)
[99] Sinai, Y.: On the foundations of the ergodic hypothesis for a dynamical system of statistical mechanics. Soviet Math. Dokl. **4**, 1818–1822 (1963)

[100] Sinai, Y.: Dynamical systems with elastic reflections. ergodic properties of dispersing billiards. Russ. Math. Surv. **25**(2), 137–189 (1970)

[101] Sinai, Y.: Introduction to ergodic theory. Princeton Univ. Press, Princeton (1976)

[102] Sinai, Y.: Hyperbolic billiards. In: Proc. ICM, Kyoto 1990, 249–260. Math. Soc. Japan, Tokio (1991)

[103] Szász, D.: Boltzmann's Ergodic Hypothesis, a conjecture for centuries? In: Hard ball systems and the Lorentz gas, 421–446. Springer-Verlag (2000)

[104] Tabachnikov, S.: Outer billiards. Russ. Math. Surv. **48**(6), 81–109 (1993)

[105] Tabachnikov, S.: Poncelet's theorem and dual billiards. L'Enseign. Math. **39**, 189–194 (1993)

[106] Tabachnikov, S.: Billiards. No. 1. In: Panoramas et Synthèses. Société Mathématique de France (1995)

[107] Tabachnikov, S.: The four vertex theorem revisited – two variations on the old theme. Amer. Math. Monthly **102**, 912–916 (1995)

[108] Tabachnikov, S.: On the dual billiard problem. Adv. in Math. **115**, 221–249 (1995)

[109] Tabachnikov, S.: Asymptotic dynamics of the dual billiard transformation. J. Stat. Phys. 27–38 (1996)

[110] Tabachnikov, S.: Dual billiards in the hyperbolic plane. Nonlinearity **15**, 1051–1072 (2002)

[111] Tabachnikov, S.: Ellipsoids, complete integrability and hyperbolic geometry. Moscow Math. J. **2**, 185–198 (2002)

[112] Tabachnikov, S.: On three-periodic trajectories of multi-dimensional dual billiards. Alg. Geom. Topology **3**, 993–1004 (2003)

[113] Tabachnikov, S.: A tale of a geometric inequality. In: MASS Selecta, 257–262. Amer. Math. Soc., Providence, RI (2003)

[114] Tabachnikov, S.: Remarks on magnetic flows and magnetic billiards, Finsler metrics and a magnetic analog of Hilbert's fourth problem. In: Dynamical systems and related topics, 233–252. Cambridge Univ. Press (2004)

[115] Tokarsky, G.: Polygonal rooms not illuminable from every point. Amer. Math. Monthly **102**, 867–879 (1995)

[116] Troubetzkoy, S.: Complexity lower bounds for polygonal billiards. Chaos **6**, 242–244 (1998)

[117] Wojtkowski, M.: Principles for the design of billiards with nonvanishing lyapunov exponents. Comm. Math. Phys. **105**, 391–414 (1986)

[118] Wojtkowski, M.: Two applications of Jacobi fields to the billiard ball problem. J. Diff. Geom. **40**, 155–164 (1994)

[119] Yandell, B.: The honors class: Hilbert's problems and their solvers. A. K. Peters (2001)

Sachverzeichnis

L

M

P

Q

R

S

T

U

V

W

Ergänzung zur deutschen Übersetzung

Ich bin sehr dankbar für die Gelegenheit, die deutsche Übersetzung meines Buches an dieser Stelle ergänzen zu können. Unaufhörlich wächst die Literatur zu mathematischen Billards, und es seien hier Hinweise zur aktuellen Literatur gegeben, die sich auf Themen aus diesem Buch bezieht.

Ergänzung zu Kapitel 4 Eine Reihe von Artikeln und ein Buch von V. Dragović und M. Radnović [6]–[13] befassen sich mit Billards im Innern quadratischer Flächen und mit den zugehörigen Schließungssätzen im Poncelet'schen Sinne. Insbesondere werden mehrdimensionale Versionen des Satzes von Cayley hergeleitet, der in zwei Dimensionen die notwendigen und hinreichenden Bedingungen für die Existenz von Poncelet-Polygonen zu einem gegebenen Paar von Kegelschnitten liefert.

Billards in quadratischen Hyperflächen und die geodätischen Flüsse auf solchen Hyperflächen in pseudo-euklidischen Räumen werden in den Artikeln von B. Khesin und S. Tabachnikov [18, 29] und im Artikel von V. Dragović und M. Radnović [14] untersucht. Insbesondere enthält der Artikel [18] eine Version des Schließungssatzes von Poncelet für lichtartige Geodäten auf einem Ellipsoid im dreidimensionalen Minkowski-Raum. Der Artikel [30] befasst sich mit dem zugehörigen Begriff der vollständigen Integrabilität auf Kontaktmannigfaltigkeiten.

Ergänzung zu den Kapiteln 5 und 6 In [2] konstruieren Yu. Baryshnikov und V. Zharnitsky auf der Grundlage der Ideen der Sub-Riemann'schen Geometrie Funktionalscharen von Billardtischen mit Kaustiken, die zu periodischen Bahnen mit einer gegebenen Periode gehören. Mithilfe dieser Technik liefern die Autoren einen erneuten Beweis der Ivrii-Vermutung für den Fall der Bahnen mit Periode 3: Die Menge der periodischen Billardbahnen hat das Maß null. Ähnliche Resultate für duale Billards finden Sie in [19, 49].

Es sei daran erinnert, dass der allgemeine Fall der Ivrii-Vermutung völlig offen ist. Aktuelle Resultate zu diesem Thema finden Sie in [3, 21, 32].

Ergänzung zu Kapitel 7 Empfehlen möchte ich Ihnen die guten Übersichtsartikel [28, 50] über Veech-Flächen.

Die Artikel [15, 16] befassen sich mit geschlossenen Geodäten auf den Oberflächen regelmäßiger Polyeder. Dieses Problem ist noch nicht vollständig gelöst, die verfügbaren Resultate sind aber sehr interessant. Die zu diesem Thema passenden Artikel [4, 17] enthalten detaillierte Beschreibungen periodischer Billardbahnen im regelmäßigen Fünfeck; die Artikel orientieren sich an den Arbeiten von J. Smillie und C. Ulcigrai [42, 43] über das regelmäßige Achteck und erweitern sie.

Mit polygonalen Billards verwandt und dadurch inspiriert ist ein interessantes und schnell wachsendes Thema: die endliche Blockierung (oder Sicherheit). Eine Mannigfaltigkeit verfügt über eine endliche Blockierung (ist sicher), wenn zu zwei beliebigen voneinander verschiedenen Punkten x und y eine endliche Menge S existiert, sodass jede Geodäte zwischen x und y durch einen Punkt von S verläuft. Ein flacher Torus ist zum Beispiel sicher, aber die runde Sphäre ist es nicht. Lesen Sie dazu die Artikel [1, 20, 22, 23, 24, 25, 27, 31, 33, 34, 48].

Ergänzung zu Kapitel 8 Wesentliche Fortschritte gab es beim Beweis der Boltzmann-Hypothese (vgl. [40, 41, 45, 46]).

Ergänzung zu Kapitel 9 Anders als für polygonale Innenbillards ist die Existenz periodischer Bahnen für duale polygonale Billards ein relativ leichtes Problem (vgl. [47]). Ein anderes Problem, das für das Innenbillard noch nicht zugänglich ist, aber für duale polygonale Billards gelöst wurde, ist die Komplexität des Billards: Sie ist polynomial (und nicht nur sub-exponentiell), wie in [26] gezeigt wurde.

Schon vor 20 Jahren habe ich bei Computerexperimenten beobachtet, dass einige Bahnen des dualen Billards um den Halbkreis ins Unendliche laufen und darüber hinaus ganze Fluchtgebiete existieren. Diese Vermutung wurde schließlich von D. Dolgopyat und B. Fayad in [5] bewiesen.

Die beeindruckendsten aktuellen Resultate über duale polygonale Billards erzielte R. Schwartz. Er löste das von J. Moser aufgestellte Problem, in dem es darum geht, ob duale polygonale Billards Bahnen haben, die ins Unendliche laufen. In seinen Artikeln [35, 37, 38] und dem Buch [36] untersucht er im Detail die dualen Billards um eine bestimmte Klasse von Vierecken, die sogenannten Drachenvierecke. Die Fülle von Resultaten über dieses System ist ganz überwältigend.

Im Artikel [39] befasst sich Schwartz mit dem dualen Billard um das regelmäßige Achteck; die Resultate sind etwas ähnlich wie für den Fall des regelmäßigen Fünfecks, den ich vor etwa 20 Jahren untersucht habe, aber viel komplexer.

Aktuelle Literatur

[1] V. Bangert, E. Gutkin. *Insecurity for compact surfaces of positive genus.* Geom. Dedicata **146**, 165–191 (2010)

[2] Yu. Baryshnikov, V. Zharnitsky, *Sub-Riemannian geometry and periodic orbits in classical billiards.* Math. Res. Lett. **13**, 587–598 (2006)

[3] V. Blumen, K. Kim, J. Nance, V. Zharnitsky. *Three-Period Orbits in Billiards on the Surfaces of Constant Curvature.* Preprint arXiv:1108.0987

[4] D. Davis, D. Fuchs, S. Tabachnikov. *Periodic trajectories in the regular penta gon.* Moscow Math. J., 11, 1–23 (2011)

[5] D. Dolgopyat, B. Fayad. *Unbounded orbits for semicircular outer billiard.* Ann. Henri Poincaré **10**, 357–375 (2009)

[6] V. Dragović, M. Radnović. *Conditions of Cayley's type for ellipsoidal billiard.* J. Math. Phys. **39**, 355–362 (1998)

[7] V. Dragović, M. Radnović. *On periodical trajectories of the billiard systems within an ellipsoid in* $\mathbf{R}^d$ *and generalized Cayley's condition.* J. Math. Phys. **39**, 5866–5869 (1998)

[8] V. Dragović, M. Radnović. *Cayley-type conditions for billiards within k quadrics in* $\mathbf{R}^d$. J. Phys. A **37**, 1269–1276 (2004)

[9] V. Dragović, M. Radnović. *Geometry of integrable billiards and pencils of quadrics.* J. Math. Pures Appl. **85**, 758–790 (2006)

[10] V. Dragović, M. Radnović. *Hyperelliptic Jacobians as billiard algebra of pencils of quadrics: beyond Poncelet porisms.* Adv. Math. **219**, 1577–1607 (2008)

[11] V. Dragović, M. Radnović. *Integrable billiards and quadrics.* Russian Math. Surveys **65**, 319–379 (2010)

[12] V. Dragović, M. Radnović. Poncelet porisms and beyond. Integrable billiards, hyperelliptic Jacobians and pencils of quadrics. Birkhäuser/Springer Basel AG, Basel (2011)

[13] V. Dragović, M. Radnović. *Billiard algebra, integrable line congruences, and double reflection nets.* Preprint arXiv:1112.5860

[14] V. Dragović, M. Radnović. *Ellipsoidal billiards in pseudo-Euclidean spaces and relativistic quadrics.* Preprint arXiv:1108.4552

[15] D. Fuchs, E. Fuchs. *Closed geodesics on regular polyhedra.* Mosc. Math. J. **7**, 265–279 (2007)

[16] D. Fuchs. *Geodesics on a regular dodecahedron.* Max-Planck Institute preprint MPIM2009-91

[17] D. Fuchs, S. Tabachnikov. *Periodic trajectories in the regular pentagon, II.* Preprint arXiv:1201.0026

[18] D. Genin, B. Khesin, S. Tabachnikov. *Geodesics on an ellipsoid in Minkowski space.* Enseign. Math. **53**, 307–331 (2007)

[19] D. Genin, S. Tabachnikov. *On configuration space of plane polygons, sub-Riemannian geometry and periodic orbits of outer billiards.* J. Modern Dynamics **1**, 155–173 (2007)

[20] M. Gerber, W.-K. Ku. *A dense G-delta set of Riemannian metrics without the finite blocking property.* Math. Res. Lett. **18**, 389–404 (2011)

[21] A. Glutsyuk, Yu. Kudryashov. *On quadrilateral orbits in planar billiards.* Doklady Math. **83**, 371–373 (2011)

[22] E. Gutkin. *Blocking of billiard orbits and security for polygons and flat surfaces.* Geom. Funct. Anal. **15**, 83–105 (2005)

[23] E. Gutkin. *Insecure configurations in lattice translation surfaces, with applications to polygonal billiards.* Discrete Contin. Dyn. Syst. **16**, 367–382 (2006)

[24] E. Gutkin. *Topological entropy and blocking cost for geodesics in Riemannian manifolds.* Geom. Dedicata **138**, 13–23 (2009)

[25] E. Gutkin, V. Schroeder. *Connecting geodesics and security of configurations in compact locally symmetric spaces.* Geom. Dedicata **118**, 185–208 (2006)

[26] E. Gutkin, S. Tabachnikov. *Complexity of piecewise convex transformations in two dimensions, with applications to polygonal billiards on surfaces of constant curvature.* Mosc. Math. J. **6**, 673–701 (2006)

[27] P. Herreros. *Blocking: new examples and properties of products.* Ergodic Theory Dynam. Systems **29**, 569–578 (2009)

[28] P. Hubert, T. Schmidt. *An introduction to Veech surfaces. Handbook of dynamical systems.* Vol. **1B**, 501–526, Elsevier B. V., Amsterdam (2006)

[29] B. Khesin, S. Tabachnikov. *Pseudo-Riemannian geodesics and billiards.* Adv. Math. **221**, 1364–1396 (2009)

[30] B. Khesin, S. Tabachnikov. *Contact complete integrability.* Reg. Chaotic Dynamics **15**, 504–520 (2010)

[31] J.-F. Lafont, B. Schmidt. *Blocking light in compact Riemannian manifolds.* Geom. Topol. **11**, 867–887 (2007)

[32] S. Merenkov, V. Zharnitsky. *Hausdorff dimension of three-period orbits in Birkhoff billiards.* Preprint arXiv:1112.2745

[33] T. Monteil. *On the finite blocking property.* Ann. Inst. Fourier **55**, 1195–1217 (2005)

[34] T. Monteil. *Finite blocking property versus pure periodicity.* Ergodic Theory Dynam. Systems **29**, 983–996 (2009)

[35] R. Schwartz. *Unbounded orbits for outer billiards. I.* J. Mod. Dyn. **1**, 371–424 (2007)

[36] R. Schwartz. *Outer billiards on kites.* Annals of Mathematics Studies **171**. Princeton University Press, Princeton, NJ (2009)

[37] R. Schwartz. *Outer billiards and the pinwheel map.* J. Mod. Dyn. **5**, 255–283 (2011)

[38] R. Schwartz. *Outer Billiards on the Penrose Kite: Compactification and Renormalizaiton.* Preprint arXiv:1102.4635

[39] R. Schwartz. *Outer billiards, arithmetic graphs, and the octagon.* Preprint arXiv:1006.2782

[40] N. Simányi, *Proof of the ergodic hypothesis for typical hard ball systems.* Ann. Henri Poincaré **5**, 203–233 (2004)

[41] N. Simányi. *Conditional proof of the Boltzmann-Sinai ergodic hypothesis.* Invent. Math. **177**, 381–413 (2009)

[42] J. Smillie, C. Ulcigrai. *Beyond Sturmian sequences: coding linear trajectories in the regular octagon.* Proc. London Math. Soc. **102**, 291–340 (2011)

[43] J. Smillie, C. Ulcigrai. *Geodesic flow on the Teichmueller disk of the regular octagon, cutting sequences and octagon continued fractions maps.* Dynamical Numbers: Interplay between Dynamical Systems and Number Theory, Contemp. Math. **532** (2010)

[44] B. Schmidt, J. Souto. *A characterization of round spheres in terms of blocking light.* Comment. Math. Helv. **85**, 259–271 (2010)

[45] D. Szász. *Some challenges in the theory of (semi)-dispersing billiards.* Nonlinearity **21**, T187–T193 (2008)

[46] D. Szász. *Algebro-geometric methods for hard ball systems.* Discrete Contin. Dyn. Syst. **22**, 427–443 (2008)

[47] S. Tabachnikov. *A proof of Culter's theorem on the existence of periodic orbits in polygonal outer billiards.* Geom. Dedicata **129**, 83–87 (2007)

[48] S. Tabachnikov. *Birkhoff billiards are insecure.* Discr. Cont. Dyn. Syst. **23**, 1035–1040 (2009)

[49] A. Tumanov, V. Zharnitsky. *Periodic orbits in outer billiard.* Int. Math. Res. Not., Art. ID 67089, 17 pp. (2006)

[50] A. Zorich. *Flat surfaces.* Frontiers in number theory, physics, and geometry. I, 437–583, Springer, Berlin (2006)